明日科技·编著

零基础学

C++ ·升级版·

电子工业出版社·
Publishing House of Electronics Industry
北京·BEIJING

内 容 简 介

《零基础学 C++》（升级版）从初学者的角度出发，通过通俗易懂的语言、流行有趣的实例，详细地介绍了使用 C++ 语言进行程序开发所需要掌握的知识和技术。全书共分为 16 章，包括初识 C++，C++ 语言基础，运算符与表达式，条件判断语句，循环语句，函数，数组、指针和引用，结构体与共用体，面向对象编程基础，类和对象，继承与派生，模板，STL（标准模板库），RTTI 与异常处理，文件操作，坦克动荡游戏等内容。书中所有知识都结合具体实例进行讲解，设计的程序代码给出了详细的注释，可以使读者轻松领会 C++ 语言程序开发的精髓，快速提高开发技能。

本书适合作为 C++ 语言程序开发入门者的自学用书，也适合作为高等院校相关专业的教学参考书，还可供开发人员查阅、参考。

图书在版编目（CIP）数据

零基础学C++：升级版 / 明日科技编著. —北京：电子工业出版社，2024.1
ISBN 978-7-121-47265-7

Ⅰ．①零… Ⅱ．①明… Ⅲ．①C++语言－程序设计 Ⅳ．①TP312.8

中国国家版本馆CIP数据核字（2024）第025839号

责任编辑：张彦红
文字编辑：葛　娜
印　　刷：中国电影出版社印刷厂
装　　订：三河市良远印务有限公司
出版发行：电子工业出版社
　　　　　北京市海淀区万寿路 173 信箱　　邮编：100036
开　　本：880×1230　　1/16　　印张：18.5　　字数：577 千字
版　　次：2024 年 1 月第 1 版
印　　次：2024 年 1 月第 1 次印刷
定　　价：99.00 元

凡所购买电子工业出版社图书有缺损问题，请向购买书店调换。若书店售缺，请与本社发行部联系，联系及邮购电话：（010）88254888，88258888。

质量投诉请发邮件至 zlts@phei.com.cn，盗版侵权举报请发邮件至 dbqq@phei.com.cn。

本书咨询联系方式：faq@phei.com.cn。

"零基础学"系列图书于 2017 年 8 月首次面世，该系列图书是国内全彩印刷的软件开发类图书的先行者，书中的代码颜色及程序效果与开发环境基本保持一致，真正做到让读者在看书学习与实际编码间无缝切换；而且因编写细致、易学实用及配备海量学习资源，在软件开发类图书市场上产生了很大反响。自出版以来，系列图书迄今已加印百余次，累计销量达 50 多万册，不仅深受广大程序员的喜爱，还被百余所高校选为计算机、软件等相关专业的教学参考用书。

"零基础学"系列图书升级版在继承前一版优点的基础上，将开发环境和工具更新为目前最新版本，并结合当今的市场需要，进一步对图书品种进行了增补，对相关内容进行了更新、优化，更适合读者学习。同时，为了方便教学使用，本系列图书全部提供配套教学 PPT 课件。另外，针对 AI 技术在软件开发领域，特别是在自动化测试、代码生成和优化等方面的应用，我们专门为本系列图书开发了一个微视频课程——"AI 辅助编程"，以帮助读者更好地学习编程。

升级版包括 10 本书：《零基础学 Python》（升级版）、《零基础学 C 语言》（升级版）、《零基础学 Java》（升级版）、《零基础学 C++》（升级版）、《零基础学 C#》（升级版）、《零基础学 Python 数据分析》（升级版）、《零基础学 Python GUI 设计: PyQt》（升级版）、《零基础学 Python GUI 设计: tkinter》（升级版）、《零基础学 SQL》（升级版）、《零基础学 Python 网络爬虫》（升级版）。

C++ 是一门面向对象的编程语言，主要用于系统程序设计。使用 C++ 既可以进行以抽象数据类型为特点的基于对象的程序设计，也可以进行以集成和多态为特点的面向对象的程序开发。由于 C++ 具有计算机高效运行的实用性特征，所以它正不断受到广大编程人员的青睐，同时它也是编程初学者首选的一门程序设计语言。

本书内容

本书从初学者的角度出发，提供了从入门到成为程序开发高手所需要掌握的各方面知识和技术。本书知识体系如下：

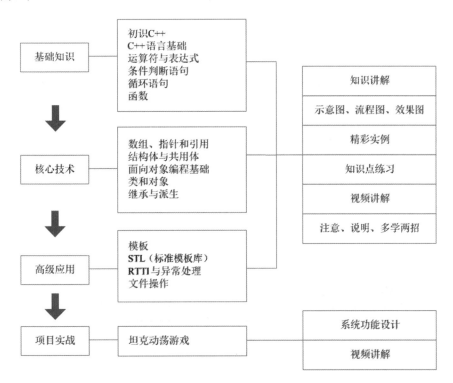

本书特色（如何使用本书）

☑ 书网合———扫描书中的二维码，学习线上视频课程及拓展内容

（1）视频讲解

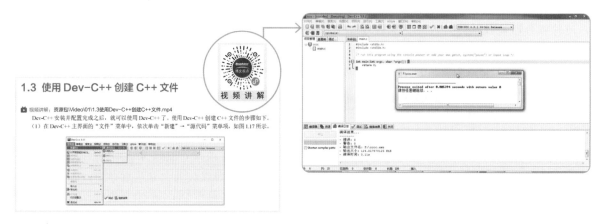

（2）e 学码：关键知识点拓展阅读

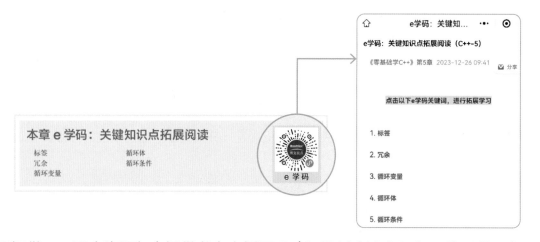

☑ 源码提供——配套资源包中提供书中实例源码（扫描封底读者服务二维码获取）

☑ AI 辅助编程——提供微视频课程，助你利用 AI 辅助编程

近几年，AI 技术已经被广泛应用于软件开发领域，特别是在自动化测试、代码生成和优化等方面。例如，AI 可以通过分析大量的代码库来识别常见的模式和结构，并根据这些模式和结构生成新的代码。此外，AI 还可以通过学习程序员的编程习惯和风格，提供更加个性化的建议和推荐。尽管 AI 尚不能完全取代程序员，但利用 AI 辅助编程，可以帮助程序员提高工作效率。本系列图书配套的"AI 辅助编程"微视频课程可以给读者一些启发。

☑ 全彩印刷——还原真实开发环境，让编程学习更轻松

☑ 作者答疑——每本书均配有"读者服务"微信群，作者会在群里解答读者的问题

☑ 海量资源——配有 Video、PPT 课件、Code、附赠资源等，即查即练，方便拓展学习

如何获得答疑支持和配套资源包

微信扫码回复：47265
- 加入读者交流群，获得作者答疑支持；
- 获得本书配套海量资源包。

读者对象

☑ 零基础的编程自学者
☑ 大中专院校的老师和学生
☑ 相关培训机构的老师和学生
☑ 参加毕业设计的学生
☑ 编程爱好者
☑ 初级和中级程序开发人员

在编写本书的过程中，编者本着科学、严谨的态度，努力做到精益求精，但疏漏之处在所难免，敬请广大读者批评指正。

感谢您阅读本书，希望本书能成为您编程路上的领航者。

编　者
2024 年 1 月

目　录
Contents

第 16 章 坦克动荡游戏 282

▶ 视频讲解：3 小时 13 分钟

扫码阅读本章

第**1**章
初识 C++

（ ▶ 视频讲解：30 分钟）

本章概览

    C++ 是当今流行的编程语言，它是在 C 语言的基础上发展起来的。随着面向对象编程思想的发展，C++ 也融入了新的编程理念，这些理念有利于程序的开发。从语言的角度来说，C++ 也是一个规范，随着规范的发布，许多 C++ 编译器不断涌现，不同的 C++ 编译器也会带来不同的语言特性，这给程序员带来了广阔的选择空间。

知识框架

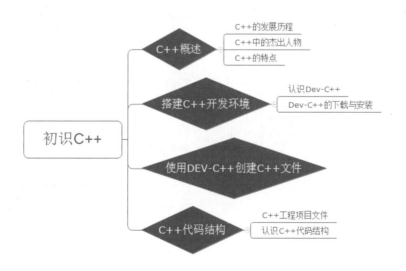

1.1 C++ 概述

▶ 视频讲解：资源包\Video\01\1.1C++概述.mp4

学习一门语言，首先要对这门语言有一定的了解，要知道这门语言能做什么，要怎样才能学好。本节将对 C++ 语言的历史背景进行简单的介绍，使读者对 C++ 语言有一个简单而直接的印象。

1.1.1 C++ 的发展历程

在介绍 C++ 的发展历程之前，先对程序语言进行大概的了解。

1. 机器语言

机器语言是低级语言，也被称为二进制代码语言。如图 1.1 所示，计算机使用由 0 和 1 组成的二进制数构成的一串指令来表达计算机操作的语言。

机器语言的特点是，计算机可以直接识别，不需要进行任何翻译。

```
0101101110010100011101010101011101
1010101010100010101111010100101011
1010100101001111011101010100101111
1110101011110011110101010101011010
1100101010111000110101010100001
1101010001000100101111111001101
```

图 1.1 机器语言

2. 汇编语言

汇编语言是面向机器的程序设计语言。为了减轻使用机器语言编程的痛苦，用英文字母或符号串来替代机器语言的二进制码，把不易理解和使用的机器语言变成了汇编语言。这样一来，使用汇编语言编写的程序就比使用机器语言编写的程序便于阅读和理解。如图 1.2 所示，使用汇编语言编写代码控制硬件独立按键电路。

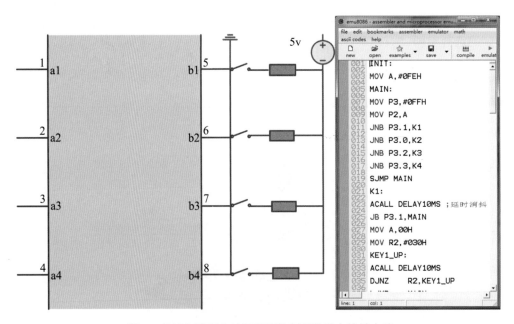

图 1.2 使用汇编语言编写代码控制硬件独立按键电路

3. 高级语言

如图 1.2 所示，汇编语言依赖硬件体系，并且该语言中的助记符数量比较多，所以其运用起来仍然不够方便。为了使程序语言更贴近人类的自然语言，同时不依赖计算机硬件，于是产生了高级语言。这种语言的语法形式类似于英文，并且因为其远离对硬件的直接操作，所以易于被普通人所理解与使用。其中影响较大、使用普遍的高级语言有 Fortran、ALGOL、Basic、COBOL、LISP、Pascal、PROLOG、C、C++、Visual C（VC）、Visual Basic（VB）、Delphi、Java 等。例如，图 1.3 所示分别为 C、C++、Java 三种高级语言的程序。

```
#include<stdio.h>
int main()
{
    printf("hello world!\n");
    return 0;
}
```

```
#include <iostream>
using namespace std;
void main()
{
    cout << "HelloWorld"<<endl;
}
```

```
public class Demo {
    /**
     * 主方法.
     *
     * @param args - 主方法参数.
     */
    public static void main(String[] args) {
        /*
         * 在主方法中编写方法体.
         */
        System.out.println("我的Java程序");
    }
}
```

图 1.3 C、C++、Java 三种高级语言的程序

本书所讲述的 C++ 语言就是从 C 语言发展而来的。Stroustrup 经过钻研，在 C 语言中加入了类的概念，C++ 最初的名字是 C with Class。1983 年 12 月，Rick Mascitti 建议将其改名为 CPlusPlus，即 C++。最开始提出类概念的语言是 Simula，它具有很高的灵活性，但无法处理比较大型的程序。此后在 Simula 语言的基础上发展起来的 Smalltalk 语言才是真正的面向对象语言，但 Smalltalk-80 不支持多继承。

C++ 从 Simula 继承了类的概念，从 ALGOL 68 继承了运算符重载、引用，以及在任何地方声明变量的能力，从 BCPL 获得了 // 注释，从 Ada 得到了模板、命名空间，从 Ada、Clu 和 ML 取来了异常。

1.1.2 C++ 中的杰出人物

 Dennis M. Ritchie	Dennis M. Ritchie 被称为 C 语言之父，UNIX 之父，生于 1941 年 9 月 9 日，哈佛大学数学博士，现任朗讯科技公司贝尔实验室（原 AT&T 实验室）下属的计算机科学研究中心系统软件研究部主任一职。他开发了 C 语言，并著有《C 程序设计语言》（*The C Programming Language*）一书，还与 Ken Thompson 一起开发了 UNIX 操作系统。他因杰出的工作得到了众多计算机组织的公认和表彰，1983 年，获得美国计算机协会颁发的图灵奖（又称计算机界的诺贝尔奖），还获得过 C&C 基金奖，电气和电子工程师协会优秀奖章，美国国家技术奖章等多项大奖。
 Bjarne Stroustrup	Bjarne Stroustrup 1950 年出生于丹麦，先后毕业于丹麦阿鲁斯大学和英国剑桥大学，AT&T 大规模程序设计研究部门负责人，AT&T 贝尔实验室和 ACM 的成员。1979 年，Stroustrup 开始开发一种语言，当时称为 "C with Class"，后来演化为 C++。1998 年，ANSI/ISO C++ 标准建立，同年，Stroustrup 推出其经典著作 *The C++ Programming Language* 的第三版。
 Scott Meyers	Scott Meyers 是世界顶级的 C++ 软件开发技术权威之一，他拥有 Brown University 的计算机科学博士学位，其著作 *Effective C++* 和 *More Effective C++* 很受编程人员的喜爱。Scott Meyers 曾经是 *C++ Report* 的专栏作家，为 *C/C++ Users Journal* 和 *Dr. Dobb's Journal* 撰过稿，为全球范围内的客户提供咨询活动。他还是 Advisory Boards for NumeriX LLC 和 InfoCruiser 公司的成员。

 Andrei Alexandrescu	Andrei Alexandrescu 被认为是新一代 C++ 天才的代表人物，2001 年撰写了经典名著 *Modern C++ Design*，其中对 Template 技术进行了精湛运用，第一次将模板作为参数在模板编程中使用。该书震撼了整个 C++ 社群，开辟了 C++ 编程领域的"Modern C++"新时代。此外，他还与 Herb Sutter 合著了 *C++ Coding Standards*。他在对象拷贝（object copying）、对齐约束（alignment constraint）、多线程编程、异常安全和搜索等领域做出了巨大贡献。
 Herb Sutter	Herb Sutter 是 C++ 标准委员会的主席，作为 ANSI/ISO C++ 标准委员会的委员，Herb Sutter 是 C++ 程序设计领域屈指可数的大师之一。他的 Exceptional 系列 3 本书（*Exceptional C++*、*More Exceptional C++* 和 *Exceptional C++ Style*）成为 C++ 程序员必读书。他是深受程序员喜爱的技术讲师和作家，是 *C/C++ Users Journal* 的撰稿编辑和专栏作者，曾发表了上百篇软件开发方面的技术文章和论文。他还担任 Microsoft Visual C++ 架构师，和 Stan Lippman 一同在微软公司主持 VC 2005（即 C++/CLI）的设计。
 Andrew Koenig	Andrew Koenig 是 AT&T 公司 Shannon 实验室大规模编程研究部门的成员，同时是 C++ 标准委员会的项目编辑，是一位真正的 C++ 内部权威。Andrew Koenig 有超过 30 年的编程经验，其中有 15 年在使用 C++，已经发表了 150 多篇与 C++ 有关的论文，并且在世界范围内就这个主题进行过多次演讲。他对 C++ 的最大贡献是带领 Alexander Stepanov 将 STL 引入 C++ 标准。

1.1.3 C++ 的特点

C++ 是在 C 语言的基础上发展而来的一种面向对象编程语言，主要用来进行系统程序设计。C++ 具有如下特点：

1. 面向对象

C++ 是一种面向对象的程序设计语言，具有抽象和实际相结合的特点，各对象之间使用消息进行通信，对象通过继承方法提高了代码的复用性。

2. 高效性

C++ 语言继承了 C 语言的特性，可以直接访问地址，进行位运算，从而能对硬件进行操作。C++ 语句具有编写简单方便、便于理解的优点，还具有低级语言的与硬件结合紧密的优点。

3. 移植性好

C++ 语句具有很好的移植性，使用 C++ 语言编写的程序基本不用修改太多就可以被应用于不同型号的计算机。C++ 标准可在多种操作系统下使用。

4. 运算符丰富

C++ 语言的运算符十分丰富，共有 30 多个，有算术、关系、逻辑、位、赋值、指针、条件、逗号、下标、类型转换等多种类型。

5. 数据结构多样

C++ 语言的数据结构多样，有整型、实型、字符型、枚举类型等基本类型，也有数组、结构体、共用体等构造类型以及指针类型，还为用户提供了自定义数据类型，能够实现复杂的数据结构。它还可以定义类实现面向对象编程，通过类和指针的结合可以实现高效的程序。

1.2　搭建 C++ 开发环境

视频讲解

▶ 视频讲解：资源包\Video\01\1.2搭建C++开发环境.mp4

　　在使用 C++ 语言时，需要选择一款开发环境，当今有多款开发环境可供用户选择。本书中所用的开发环境为 Dev-C++，下面就对这款开发环境的安装与使用进行介绍。

1.2.1　认识 Dev-C++

　　Dev-C++ 是 Windows 环境下的 C/C++ 开发环境，其包括多页面窗口、工程编辑器、调试器等。在工程编辑器中集合了编辑器、编译器、链接程序和执行程序，提供了高亮语法显示，可以满足初学者与编程高手的不同需求，是开发 C/C++ 程序经常使用的一款工具。Dev-C++ 的图标如图 1.4 所示。

图 1.4　Dev-C++ 的图标

1.2.2　Dev-C++ 的下载与安装

1．Dev-C++ 的下载

　　Dev-C++ 是一个免费软件，打开浏览器，进入 Dev-C++ 官方下载页面，然后单击"Download"按钮，即可下载 Dev-C++ 的安装文件，如图 1.5 所示。

　　下载的 Dev-C++ 安装文件如图 1.6 所示。

图 1.5　Dev-C++ 官方下载页面

图 1.6　下载的 Dev-C++ 安装文件

2．Dev-C++ 的安装

　　Dev-C++ 的具体安装步骤如下。

零基础学 C++（升级版）

（1）双击下载的 Dev-C++ 安装文件，打开选择语言对话框，如图 1.7 所示。该对话框中默认选择的是英文版本，直接单击"OK"按钮即可。

（2）进入许可协议对话框，该对话框中显示了 Dev-C++ 的使用许可协议，直接单击"I Agree"按钮，如图 1.8 所示。

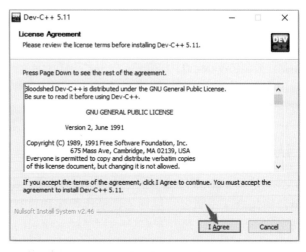

图 1.7 选择语言对话框　　　　　　　　图 1.8 许可协议对话框

（3）进入选择安装组件对话框，该对话框中默认选择的是"Full"，即全部安装，这里保持默认选择即可，直接单击"Next"按钮，如图 1.9 所示。

（4）进入选择安装路径对话框，在该对话框中可以单击"Browse"按钮选择 Dev-C++ 的安装位置，然后单击"Install"按钮进行安装，如图 1.10 所示。

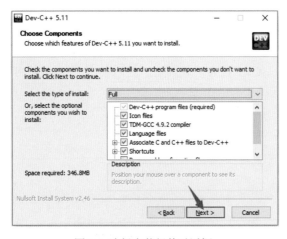
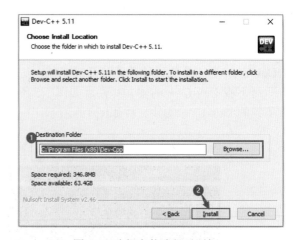

图 1.9 选择安装组件对话框　　　　　　　图 1.10 选择安装路径对话框

（5）进入正在安装对话框，该对话框中显示了 Dev-C++ 的安装进度，如图 1.11 所示。

（6）所有组件安装完成后，进入安装完成对话框，单击"Finish"按钮，即可完成 Dev-C++ 的安装，如图 1.12 所示。

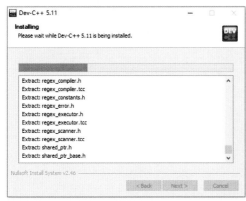

图 1.11　正在安装对话框　　　　　　　　　　图 1.12　安装完成对话框

3. 配置并启动 Dev-C++

Dev-C++ 安装完成后，就可以配置并启动了。下面介绍具体步骤。

（1）在系统的"开始"菜单中单击"Dev-C++"菜单项（或者在安装完成对话框中单击"Finish"按钮），因为是第一次打开 Dev-C++，所以会进入配置向导对话框，如图 1.13 所示。这里为了后期操作方便，我们将语言配置为中文，因此选择"简体中文 /Chinese"，单击"Next"按钮。

（2）进入主题配置对话框，这里采用默认配置，直接单击"Next"按钮，如图 1.14 所示。

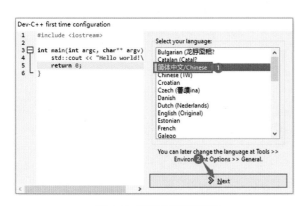
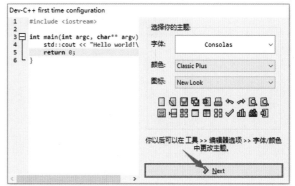

图 1.13　配置向导对话框　　　　　　　　　　图 1.14　主题配置对话框

（3）进入配置完成对话框，直接单击"OK"按钮，如图 1.15 所示。

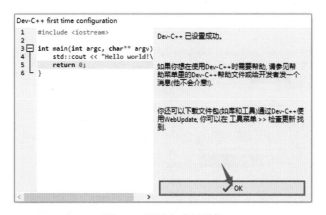

图 1.15　配置完成对话框

（4）这时会自动打开 Dev-C++ 的主界面，如图 1.16 所示。

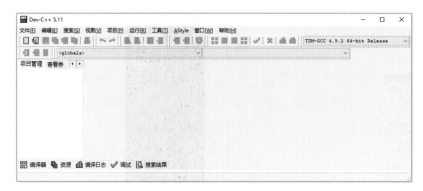

图 1.16 Dev-C++ 的主界面

1.3 使用 Dev-C++ 创建 C++ 文件

视频讲解

▶ 视频讲解：资源包\Video\01\1.3使用Dev-C++创建C++文件.mp4

　　Dev-C++ 安装并配置完成之后，就可以使用 Dev-C++ 了。使用 Dev-C++ 创建 C++ 文件的步骤如下。

（1）在 Dev-C++ 主界面的"文件"菜单中，依次单击"新建"→"源代码"菜单项，如图 1.17 所示。

图 1.17 单击"新建"→"源代码"菜单项

　　（2）在 Dev-C++ 主界面的右侧区域会打开一个文本编辑器，在其中输入 C++ 代码，然后按 <Ctrl+S> 快捷键保存，弹出"保存为"对话框。在该对话框中选择文件的保存位置及保存类型，然后输入保存的文件名，单击"保存"按钮，即可创建一个 C++ 文件，如图 1.18 所示。

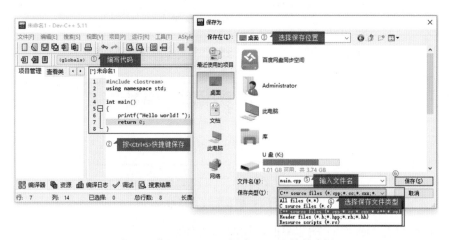

图 1.18 使用 Dev-C++ 创建 C++ 文件的步骤

（3）C++ 代码编写完成后，就可以编译并运行了。首先单击工具栏中的编译图标，对所编写的 C++ 代码进行编译，如图 1.19 所示；然后单击工具栏中的运行图标，即可运行所编写的 C++ 代码，如图 1.20 所示。

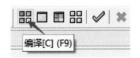

图 1.19　编译图标

图 1.20　运行图标

1.4　C++ 代码结构

视频讲解

视频讲解：资源包\Video\01\1.4C++代码结构.mp4

1.4.1　C++ 工程项目文件

Windows 操作系统主要是用来管理数据的，而数据是以文件的形式存储在磁盘上的。文件可以通过扩展名来区分不同的类型，C++ 的代码文件就有两种类型，一种是源文件，一种是头文件。头文件中保存的是函数的定义和声明部分，源文件中保有的是在头文件中定义的函数的实现部分；源文件主要以 cpp 为扩展名，而头文件主要以 h 为扩展名。有的开发环境可能使用 cxx、cHH 来作为源文件的扩展名。

对于一个比较大的工程而言，它的源文件和头文件可能会比较多。为了管理这些源文件，不同的编译器还提供了管理代码的工程项目文件，不同开发环境的工程项目文件也会不同。

使用 Dev-C++ 创建的 C++ 工程项目文件如图 1.21 所示。

图 1.21　C++ 工程项目文件

☑ Debug：存储编译后程序的文件夹，带有调试信息的应用程序。

☑ Release：存储编译后程序的文件夹，最终的应用程序。

☑ Sample.cpp：源文件。

☑ Sample.dsp：VC 的工程文件。

☑ Sample.dsw：VC 的工作空间文件。

☑ Sample.ncb：VC 的用于声明的数据库文件。

☑ Sample.opt：VC 存储用户选项的文件。

☑ StdAfx.cpp：向导生成的标准源文件，当代码中涉及 MFC 类库的内容时使用该文件。

☑ StdAfx.h：向导生成的标准头文件。

注意

Debug与Release的区别在于，Debug是带有调试信息的应用程序，Debug文件夹下的程序可以设置断点调试，而且Debug文件夹下的程序要比Release文件夹下的程序大。

1.4.2 认识 C++ 代码结构

C++ 程序代码是由预编译指令、宏定义、注释、主函数、自定义函数等部分组成的，这些部分都是后文讲述的主要内容。下面是一段很简短但涉及 C++ 语言概念比较多的代码，如图 1.22 所示。

```cpp
#define options 1                          宏定义
#ifdef options
#include <iostream.h>
/*********************************/
/*          Sample.cpp        */        注释
/*                            */
/*********************************/
int ShowMessage();                         函数声明
int main(int argc, char* argv[])
{                                          主函数
  int iResult;
  iResult = ShowMessage(); // 自定义函数ShowMessage
  if(iResult < 0)
    cout << "ShowMessage Error" << endl;   注释
  return 0;
}

int ShowMessage()                          自定义函数
{
  try {                                    捕捉错误代码
    cout << "Hello World!" << endl;
    return 0;
  }
  catch(...)
  {
    cout << "Throw exception" << endl;
    throw "error occurred";
  }
}
#endif                                     预编译指令
```

图 1.22 C++ 代码结构

这段代码中含有头文件引用、函数作用空间、库函数调用、赋值运算、关系判断、流输出等很多 C++ 语言方面的概念，各概念通过一定的规则罗列在一起，编译器会根据这些规则将代码编译成能够在机器上执行的应用程序。

1.5 小结

任何编程语言都有它的时代性，都是不断发展的，现在 C++ 是一门成熟的语言。我们首先要理解 C++ 大师的新的编程理念，然后选择自己喜欢的开发环境，可以选择 Dev-C++，也可以选择微软公司的 Visual C++ 和 Eclipse。在 Windows 操作系统下开发 C++ 程序，首选 Dev-C++。

本章 e 学码：关键知识点拓展阅读

C++ 标准委员会	Pascal	宏定义指令
COBOL	PROLOG	预编译指令
Delphi	二进制	

第2章
C++ 语言基础

（ ▶ 视频讲解：2 小时 42 分钟）

本章概览

　　数据类型是 C++ 语言的基础。学习一门编程语言，首先要掌握它的数据类型。不同的数据类型占用不同的内存空间，合理定义数据类型可以优化程序的运行。本章将主要介绍 C++ 语言的数据类型及数据类型的输出。

知识框架

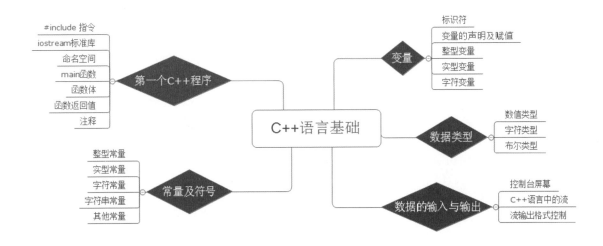

2.1 第一个 C++ 程序

▶ 视频讲解：资源包\Video\02\2.1第一个C++程序.mp4

　　学习编程的第一步是写一个最简单的程序。学习任何编程语言都需要写一个"Hello World"程序。下面是最简单的 C++ 程序，同样是一个 Hello World 程序。

```
01  #include <iostream>
02  using namespace std;
03  int main()
04  {
05      cout << "Hello World\n";
06  }
```

程序输出结果如图 2.1 所示。

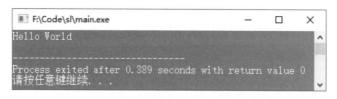

图 2.1 程序输出结果

最简单的 C++ 程序中包含了头文件引用、应用命名空间、主函数、字符串常量、数据流等几个部分，这些都是 C++ 程序中经常用到的。这是一个输出"Hello World"的小程序。程序第 1 行使用字符"#"，这是一个预处理标志，预处理表示该行代码最先被处理，所以要在编译代码之前运行；include 是一个预处理指令，其后紧跟着一对尖括号"<>"，尖括号内是一个标准库。第 2 行使用命名空间"std"。第 3~6 行是程序执行入口，main 函数是每一个 C++ 程序都需要有的，花括号代表 main 函数的函数体，我们可以在函数体内编写要执行的代码。下面对 C++ 常用的概念进行介绍。

在C++代码中，所有的字母、数字、括号以及标点符号均为英文输入法状态下的半角符号，而不能是中文输入法或者英文输入法状态下的全角符号。

2.1.1 #include 指令

在 C++ 程序中，第 1 行带"#"符号的语句被称为宏定义或预编译指令。关于什么是 C++ 的语句、什么是宏定义或预编译指令的内容，会在后面的章节中讲到。#include 在代码中是包含和引用的意思，其后紧跟着一对尖括号"<>"。第 1 行代码 #include <iostream> 就表示要引用 iostream 文件内容，编译器在编译程序时会将 iostream 的内容在 #include <iostream> 处展开。

忘记包含iostream头文件。

如果忘记包含 iostream 头文件，那么在编译程序时会报错，按 F4 键可以查看错误，如图 2.2 所示。可以发现，如果不包含这个头文件，那么很多相关的功能都是不能使用的。

```
Compiling...
hello1.cpp
E:\vc6.0\sample\helloworld\hello1.cpp(2) : error C2871: 'std' : does not exist or is not a namespace
E:\vc6.0\sample\helloworld\hello1.cpp(5) : error C2065: 'cout' : undeclared identifier
E:\vc6.0\sample\helloworld\hello1.cpp(5) : error C2297: '<<' : illegal, right operand has type 'char [12]'
执行 cl.exe 时出错。
```

图 2.2 忘记包含 iostream 头文件时的编译错误

2.1.2 iostream 标准库

iostream（输入 / 输出）是一个标准库，直白地讲，就是输入（in）、输出（out）和流（stream）。iostream 就是取 in 和 out 的首字母并与 stream 结合而成的，它包含了众多函数。标准库中的每个函数都有其自身的作用。如果代码中没有包含这个文件，那么就不能使用 cout 输出语句了。这里读者需要记住，必须使用 #include<iostream> 这条语句，才能在程序中使用相关的功能。

函数就是能够实现特定功能的程序模块。

在包含iostream头文件时，忘记使用尖括号 "<>"。

由于没有使用尖括号，程序无法包含 iostream，导致其他相关的功能都不能够使用，如图 2.3 所示。

```
hello1.cpp
e:\vc6.0\sample\helloworld\hello1.cpp(1) : error C2006: #include expected a filename, found 'identifier'
E:\vc6.0\sample\helloworld\hello1.cpp(2) : error C2871: 'std' : does not exist or is not a namespace
E:\vc6.0\sample\helloworld\hello1.cpp(5) : error C2065: 'cout' : undeclared identifier
E:\vc6.0\sample\helloworld\hello1.cpp(5) : error C2297: '<<' : illegal, right operand has type 'char [13]'
执行 cl.exe 时出错.
```

图 2.3 忘记使用尖括号 "<>" 时的编译错误

2.1.3 命名空间

C++ 中命名空间的作用是减少和避免命名冲突。namespace 是指标识符的各种可见范围。在使用 C++ 标准库中的标识符时，一种简便的方法是：

```
using namespace std;
```

这样在命名空间 "std" 内定义的所有标识符都有效，所以在程序中使用了 cout 来输出字符串。如果没有这条语句，那么只能像下面这样写来显示一条信息：

```
std::cout<<"hello world\n";
```

cout（还有 cin）是我们经常会用到的。在每个程序的开头加上 using namespace std; 这条语句是很有必要的。

在using namespace std 语句的后面没有添加分号。

如果在 using namespace std 语句的后面没有添加分号，那么在编译程序时将显示如图 2.4 所示的错误。

```
--------------------Configuration: helloworld - Win32 Debug-------------------
Compiling...
hello1.cpp
E:\vc6.0\sample\helloworld\hello1.cpp(3) : error C2144: syntax error : missing ';' before type 'void'
E:\vc6.0\sample\helloworld\hello1.cpp(3) : fatal error C1004: unexpected end of file found
执行 cl.exe 时出错.

hello1.obj - 1 error(s), 0 warning(s)
```

图 2.4　在 using namespace std 语句的后面没有添加分号时的编译错误

"std::"是一个命名空间的标识符，C++ 标准库中的函数或者对象都是在命名空间 "std" 中定义的。所以我们要使用的标准库中的函数或者对象都要用 std 来限定。

cout 是标准库所提供的一个对象，而标准库在命名空间中被指定为 std，所以在使用 cout 的时候，前面要加上 "std::"。这样编译器就会明白我们调用的 cout 是命名空间 std 中的 cout。

如果上述程序中未写 "using namespace std;" 语句的话，在主函数的函数体内可以这样写：std::cout<<"Hello World\n"。

2.1.4　main 函数

main 代表主函数。main 函数是程序执行入口，程序从 main 函数的第一条指令开始执行，直到 main 函数结束，整个程序也将执行结束。注意，函数的格式是 main 后面有一个小括号 "()"，小括号内是放参数的地方。

2.1.5　函数体

大括号 "{ }" 中的代码是需要执行的内容，被称为函数体。函数体是按代码的先后顺序执行的，写在前面的代码先执行，写在后面的代码后执行。代码 cout << "Hello World\n"; 表示通过输出流输出 "Hello World"，"Hello World" 两边的双引号代表它是字符串常量，cout 表示输出流，"<<" 表示将字符串传送到输出流中。

2.1.6　函数返回值

int 表示函数的返回值类型，函数的返回值是用来判断函数执行情况以及返回函数执行结果的。int 代表不返回任何数据。如果要返回数据，则需要使用 return 语句。

2.1.7　注释

代码注释是禁止语句执行的，编译器不会对注释掉的语句进行编译。C++ 中有两种注释方法，其中 "//" 是单行注释，单行注释只能注释掉 "//" 符号后面的内容，到本行代码结束的位置结束；"/* */" 是多行注释，多行注释的使用方法是将 "/*" 符号放在要被注释掉的代码的前面，将 "*/" 符号放在要被注释掉的代码的末尾，"/*" 和 "*/" 之间的内容就会被注释掉。另外，在多行注释中不允许嵌套多行注释，例如 //* */*/，最后出现的 "*/" 符号将会无效。在第一个 C++ 程序中加入注释，代码如下：

```
01  /*sample.cpp*/
02  #include <iostream>        // 头文件引用
03  using namespace std;       // 命名空间
04  int main()                 // 主函数
05  {
```

```
06      cout << "HelloWorld\n"; // 执行输出
07      // cout << "end";
08  }
```

注释不仅仅在调试时使用，开发人员也可以在代码中加入注释，用来说明代码的用意，这样方便日后自己或别人查看。

2.2 常量及符号

视频讲解：资源包\Video\02\2.2常量及符号.mp4

常量就是其值在程序运行过程中不可以改变的量。例如，我们每个人的身份证号码就是一个常量，是不能被更改的。常量可分为整型常量、实型常量、字符常量和字符串常量。

```
01  #include <iostream>
02  using namespace std;
03  int main()
04  {
05      cout << 2009 << endl;
06      cout << 2.14 << endl;
07      cout << 'a' << endl;
08      cout << "HelloWorld"<< endl;
09  }
```

上面的代码通过 cout 向屏幕输出 4 行内容。cout 是输出流，实现向屏幕输出不同类型的数据。代码中的 2009 是整型常量，2.14 是实型常量，'a' 是字符常量，"HelloWorld" 是字符串常量。

2.2.1 整型常量

整型常量就是指直接使用的整型常数，例如 0、100、−200 等。

整型常量的数据类型可以分为长整型、短整型（有符号和无符号）、有符号整型和无符号整型。如表 2.1 所示，这几种数据类型如同容积大小不同的烧杯，虽然用法一样，但在不同的场景中就使用不同容量的烧杯。

表 2.1　整型常量的数据类型

数据类型	长　度	取值范围
unsigned short	16 位	0~65535
signed short	16 位	−32768~32767
unsigned int	32 位	0~4294967295
signed int	32 位	−2147483648~2147483647
signed long	64 位	−9223372036854775808~9223372036854775807

说明

根据不同的编译器，整型的取值范围是不一样的。还有可能的是，在16位的计算机中整型就为16位，在32位的计算机中整型就为32位。

在编写整型常量时，可以在常量的后面加上"L"或者"U"符号进行修饰。其中，"L"表示该常量是长整型的，"U"表示该常量是无符号整型的。例如：

```
LongNum= 1000L;                  /*L表示长整型*/
UnsignLongNum=500U;              /*U表示无符号整型*/
```

说明　表示长整型和无符号整型的后缀字母"L"和"U"可以使用大写的，也可以使用小写的。

所有整型常量的类型也可以通过 3 种形式进行表达，分别为八进制形式、十进制形式和十六进制形式。下面分别进行介绍。

1. 八进制整数

使用八进制形式表达数据，需要在常量前面加上一个 0 进行修饰。八进制整数所包含的数字是 0~7。例如：

```
OctalNumber1=0520;               /*在常量前面加上一个0来代表八进制数*/
```

以下是八进制形式的错误写法：

```
OctalNumber3=520;                /*没有前缀0*/
OctalNumber4=0296;               /*包含了非八进制数9*/
```

2. 十六进制整数

在常量前面使用 0x 作为前缀（注意：0x 中的 0 是数字 0，而不是字母 O），表示该常量是十六进制形式的。十六进制整数中包含数字 0~9 以及字母 A~F。例如：

```
HexNumber1=0x460;                /*加上前缀0x表示常量为十六进制形式*/
HexNumber2=0x3ba4;
```

说明　其中字母A~F可以使用大写形式，也可以使用a~f小写形式。

3. 十进制整数

十进制形式是不需要在常量前面添加前缀的。十进制整数中所包含的数字为 0~9。例如：

```
AlgorismNumber1=569;
AlgorismNumber2=385;
```

整型数据都是以二进制形式存放在计算机内存中的，其数值以补码的形式进行表示。正数的补码与其原码的形式相同，负数的补码是将该数绝对值的二进制形式按位取反再加 1。例如，十进制数 11 在内存中的表现形式如图 2.5 所示。

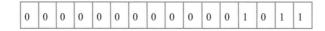

图 2.5　十进制数 11 在内存中的表现形式

如果是 -11，那么在内存中又是怎样表现的呢？因为数值是以补码形式进行表示的，所以对于负数，要先求出其绝对值，然后进行取反操作，如图 2.6 所示，得到取反后的结果。

图 2.6 取反操作

取反之后还要进行加 1 操作，这样就得到最终的结果。例如，-11 在计算机内存中的存储情况如图 2.7 所示。

图 2.7 -11 在计算机内存中的存储情况

说明　对于有符号整数，其在内存中存储的最左边一位表示符号位，如果该位为 0，则说明该数为正数；如果该位为 1，则说明该数为负数。

2.2.2 实型常量

实型也称为浮点型，实型常量是由整数部分和小数部分组成的，它们之前用十进制形式的小数点隔开。例如，超市小票中的应收金额就是实型常量数据，如图 2.8 所示。

图 2.8 实型常量数据

在 C++ 语言中表示实型常量的方式有以下两种。

1. 科学计数方式

科学计数方式就是使用十进制形式的小数方法描述实型常量。例如：

```
SciNum1=123.45;                    /*科学计数方式*/
```

2. 指数方式

有时实型常量非常大或者非常小，使用科学计数方式不利于观察，这时就可以使用指数方式表示实型常量。其中，使用字母 e 或者 E 进行指数显示，如 514e2 表示的是 51400，而 514e-2 表示的是 5.14。比如 SciNum1 和 SciNum2 代表实型常量，使用指数方式显示这两个实型常量如下：

```
SciNum1=1.2345e2;                    /*指数方式*/
SciNum2=5.458e-1;                    /*指数方式*/
```

在编写实型常量时，可以在常量后面加上"F"或者"L"符号进行修饰。其中，"F"表示该常量是单精度类型（float）的，L 表示该常量是长双精度类型（long double）的。例如：

```
FloatNum=5.193e2F;                   /*单精度类型*/
LongDoubleNum=3.344e-1L;             /*长双精度类型*/
```

注意
如果不在常量后面加上后缀，则默认实型常量是双精度类型（double）的。在常量后面添加的后缀不区分大小写，即大小写是通用的。

2.2.3 字符常量

字符常量是指用单引号括起来的一个字符。例如，'a' 和 '?' 都是合法的字符常量。在编译代码时，编译器会根据 ASCII 码表将字符常量转换成整型常量。例如，字符 'a' 的 ASCII 码值是 97，字符 'A' 的 ASCII 码值是 65，字符 '?' 的 ASCII 码值是 63。ASCII 码表中还有很多通过键盘无法输入的字符，我们可以使用 "\ddd" 或 "\xhh" 来引用这些字符。其中，"\ddd" 是 1~3 位八进制数所代表的字符，"\xhh" 是 1~2 位十六进制数所代表的字符。例如，"\101" 表示 ASCII 码 "A"，"\XOA" 表示换行等。

示例：转义字符应用。

```cpp
01  #include<iostream>
02  int main()
03  {
04      std::cout << "A" <<std::endl;
05      std::cout << "\101" <<std::endl;
06      std::cout << "\x41" <<std::endl;
07      std::cout << "\052,\x1E" <<std::endl;
08  }
```

示例运行结果如图 2.9 所示。

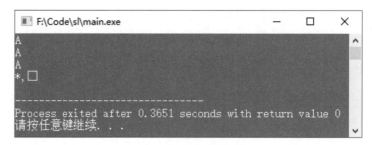

图 2.9 示例运行结果

转义字符是特殊的字符常量，使用时以字符 "\"（代表开始转义）和后面不同的字符表示转义后的字符。转义字符如表 2.2 所示。

表 2.2　转义字符

转义字符	意　义	ASCII 码值
\0	空字符	0
\n	换行	10
\t	水平制表	9
\b	退格	8
\r	回车	13
\f	换页	12
\\	反斜杠	93
\'	单引号字符	39
\"	双引号字符	34
\a	响铃	7

2.2.4　字符串常量

字符串常量是指用双引号括起来的若干字符序列。例如，"ABC"、"abc"、"1314"、" 您好 " 等都是正确的字符串常量。

如果字符串中一个字符都没有，则将其称为空字符串，此时字符串的长度为 0。例如 " "。

在 C++ 中存储字符串常量时，系统会在字符串的末尾自动加上 "\0" 作为字符串的结束标志。例如，字符串 "welcome" 在内存中的存储形式如图 2.10 所示。

图 2.10　字符串 "welcome" 在内存中的存储形式

 在程序中编写字符串常量时，不必在一个字符串的结尾处加上结束标志 "\0"，系统会自动添加结束标志。

上面介绍了有关字符常量和字符串常量的内容，那么它们之间有什么区别呢？它们之间的区别具体体现在以下几个方面：

（1）定界符不同。字符常量使用的是单引号，而字符串常量使用的是双引号。

（2）长度不同。上面提到过，字符常量只能有一个字符，也就是说，字符常量的长度就是 1。而字符串常量的长度可以是 0。但需要注意的是，即使字符串常量中的字符只有 1 个，其长度也不是 1。例如字符串常量 "H"，其长度为 2。通过图 2.11 可以了解到字符串常量 "H" 的长度为 2 的原因。

H	\0

图 2.11　字符串常量 "H" 在内存中的存储形式

（3）存储方式不同，在字符常量中存储的是字符的 ASCII 码值，如 'A' 为 65，'a' 为 97；而在字符串常量中，不仅要存储有效的字符，还要存储结尾处的结束标志 "\0"。

说明

系统会自动在字符串的尾部添加结束标志 "\0"，这也是字符串常量"H"的长度为2的原因。

2.2.5 其他常量

前面讲到的都是普通的常量，其实常量还包括布尔（bool）常量、枚举常量、宏定义常量等。

☑ 布尔常量：布尔常量只有两个，其中一个是 true，表示真；另一个是 false，表示假。

☑ 枚举常量：在枚举类型数据中定义的成员也都是常量，这将在后文中介绍。

☑ 宏定义常量：通过 #define 宏定义的一些值也是常量。例如：

```
#define PI    3.1415
```

其中，PI 就是常量。

2.3 变量

视频讲解

▶ 视频讲解：资源包\Video\02\2.3变量.mp4

变量就是指在程序运行期间其值可以变化的量。每一个变量都是一种类型，每一种类型都定义了变量的格式和行为。数据各式各样，要先根据数据的需求（即类型）为它申请一个合适的空间。如果将内存比作一个宾馆，那么变量就相当于宾馆里的房间，房间号相当于变量名，房间类型相当于变量类型，入住的客人相当于变量值，示意图如图 2.12 所示。

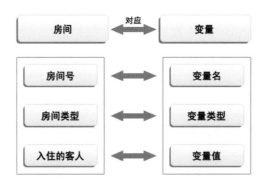

图 2.12 将内存比作一个宾馆的示意图

C++ 中的变量有整型变量、实型变量和字符变量。接下来分别进行介绍。

2.3.1 标识符

标识符（identifier）可以被简单地理解为一个名字，它是用来对 C++ 程序中的常量、变量、语句标号以及用户自定义函数的名称进行标识的符号。
- ☑ 标识符命名规则：
  - ➢ 标识符由字母、数字及下画线组成，且不能以数字开头。
  - ➢ 标识符的大写字母和小写字母代表不同的含义。
  - ➢ 标识符不能与关键字同名。
  - ➢ 标识符尽量"见名知意"，应该受一定规范的约束。
- ☑ 不合法的标识符：
  - ➢ 6A（不能以数字开头）。
  - ➢ ABC*（不能使用 *）。
  - ➢ case（它是保留字）。

C++ 有许多保留关键字，如下所示。

asm	auto	break	case	catch	char	class	const	continue
default	delete	do	double	else	enum	extern	float	for
friend	goto	if	inline	int	long	new	operator	overload
private	protected	public	register	return	short	signed	sizeof	static
struct	switch	this	template	throw	try	typedef	union	unsigned
virtual	void	volatile	while					

常见错误
（1）标识符大小写书写错误，在书写标识符时要注意区分字母大小写。
（2）标点符号中英文状态忘记切换，在书写代码时应该采用英文输入法半角输入。

2.3.2 变量的声明及赋值

变量是指在程序运行时其值可以改变的量。每个变量都由一个变量名标识，每个变量也都具有一种特定的数据类型。

1．变量声明

变量在使用之前一定要定义或声明。变量声明的一般形式如下：

```
[修饰符] 类型 变量名标识符;
```

"类型"是变量类型的说明符，说明变量的数据类型。"修饰符"是任选的，可以没有。

多个同一类型的变量可以在一行中声明，不同的变量名用逗号运算符隔开。例如：

```
int a,b,c;
```

与

```
01  int a;
02  int b;
03  int c;
```

两者等价。

2. 变量赋值

变量值是可动态改变的，每次改变时都需要进行赋值运算。变量赋值的形式如下：

变量名标识符 = 表达式

"变量名标识符"就是在声明变量时定义的，"表达式"将在后面的章节中讲到。例如：

```
01  int i;       // 声明变量
02  i=100;       // 给变量赋值
```

下面声明 i 是一个整型变量，100 是一个常量。

```
01  int i,j;     // 声明变量
02  i=100;       // 给变量赋值
03  j=i;         // 将一个变量的值赋给另一个变量
```

3. 变量赋初值

在声明变量时就可以把数值赋给变量，这个过程叫作"变量赋初值"。变量赋初值的情况有以下几种：

（1）int x=5;

表示定义 x 为有符号的基本整型变量，并为其赋初值为 5。

（2）int x,y,z=6;

表示定义 x、y、z 为有符号的基本整型变量，并为 z 赋初值为 6。

（3）int x=3,y=3,z=3;

表示定义 x、y、z 为有符号的基本整型变量，且均赋初值为 3。

在定义变量并赋初值时可以写成int x=3,y=3,z=3;，但不可以写成int a=b=c=3;这种形式。

2.3.3 整型变量

整型变量可以分为短整型变量、整型变量和长整型变量，变量类型的说明符分别是 short、int 和 long。根据是否有符号，整型还可分为以下 6 种。

☑ 整型：[signed] int

☑ 无符号整型：unsigned [int]

☑ 有符号短整型：[signed] short [int]

☑ 无符号短整型：unsigned short [int]

☑ 有符号长整型：[signed] long [int]

☑ 无符号长整型：unsigned long [int]

方括号表示其中的关键字可以省略，例如，[signed] int 可以写成 int。

短整型（short）在内存中占用 2 字节的空间，可以表示数的范围是 −32768~32767。如果是无符号短整型（unsigned short），则表示数的范围是 0~65535。整型（int）占用 4 字节的空间，有符号整型表示数的范围是 −2147483648~2147483648，无符号整型（unsigned int）表示数的范围是 0~4294967295。长整型与整型占用的字节数相同，表示数的范围也相同，具体如表 2.3 所示。

表 2.3　整型变量范围

关　键　字	类　　型	数的范围	字 节 数
short	短整型	−32768~32767，即 -2^{15}~$2^{15}-1$	2
unsigned short	无符号短整型	0~65535，即 0~$2^{16}-1$	2
int	整型	−2147483648~2147483648，即 -2^{31}~$2^{31}-1$	4
unsigned int	无符号整型	0~4294967295，即 0~$2^{32}-1$	4
long int	长整型	−2147483648~2147483648，即 -2^{31}~$2^{31}-1$	4
unsigned long	无符号长整型	0~4294967295，即 0~$2^{32}-1$	4

说明

通常说的整型就是指有符号基本整型int。

常见错误

默认整型是int。如果为long类型变量赋值时没有添加 "L" 或 "l" 标识，则会按照如下方式进行赋值：

```
long number = 123456789 * 987654321;
```
正确的写法为：
```
long number = 123456789L * 987654321L;
```

2.3.4　实型变量

实型变量也被称为浮点型变量，是指用来存储实型数值的变量，其中实型数值是由整数和小数两部分组成的。在 C++ 语言中，实型变量根据实型的精度还可以分为单精度类型变量、双精度类型变量和长双精度类型变量，如表 2.4 所示。

表 2.4　实型变量的分类

实型变量分类	关　键　字
单精度类型变量	float
双精度类型变量	double
长双精度类型变量	long double

1．单精度类型

单精度类型使用的关键字是 float，它在内存中占 4 字节，取值范围是 -3.4×10^{-38}~3.4×10^{38}。定义一个单精度类型变量的方法是在变量前面使用关键字 float。例如，定义一个变量 fFloatStyle 并赋值为 3.14 的方法如下：

```
float fFloatStyle;          /*定义单精度类型变量*/
fFloatStyle=3.14f;          /*为变量赋值*/
```

在为单精度类型变量赋值时，需要在数值后面加上"f"，表示该数值的类型是单精度类型，否则默认为双精度类型。

2. 双精度类型

双精度类型使用的关键字是 double，它在内存中占 8 字节，取值范围是 $-1.7 \times 10^{-308} \sim 1.7 \times 10^{308}$。

定义一个双精度类型变量的方法是在变量前面使用关键字 double。例如，定义一个变量 dDoubleStyle 并赋值为 5.321 的方法如下：

```
double dDoubleStyle;            /*定义双精度类型变量*/
dDoubleStyle=5.321;            /*为变量赋值*/
```

2.3.5 字符变量

字符变量是指用来存储字符常量的变量。将一个字符常量存储到字符变量中，实际上是将该字符的 ASCII 码值（无符号整数）存储到内存单元中。

字符变量在内存中占 1 字节，取值范围是 $-128 \sim 127$。定义一个字符变量的方法是使用关键字 char。例如，定义一个字符变量 cChar 并赋值为 'a' 的方法如下：

```
char cChar;                    /*定义字符变量*/
cChar= 'a';                    /*为变量赋值*/
```

字符数据在内存中存储的是字符的ASCII码值，即一个无符号整数，其形式与整数的存储形式一样，因此在C++语言中字符数据与整型数据通用。例如：

```
char cChar1;                   /*字符变量cChar1*/
char cChar2;                   /*字符变量cChar2*/
cChar1='a';                    /*为变量赋值*/
cChar2=97;
printf("%c\n",cChar1);         /*显示结果为a，此处的%c是格式说明，表示按照字符格式进行输出*/
printf("%c\n",cChar2);         /*显示结果为a*/
```

在上面的代码中，首先定义了两个字符变量，在为这两个变量进行赋值时，其中一个变量被赋值为 'a'，另一个变量被赋值为 97。最后显示的结果都是字符 a。

一个字符数据，既可以字符形式输出，也可以整数形式输出。

实例 01　字符数据与整型数据之间的运算　　　　　实例位置：资源包\Code\SL\02\01

```
01 #include <iostream>                 // 包含头文件
02 using namespace std;                // 引入命名空间
03 int main()
04 {
05     char c1, c2;                    // 定义两个char类型的变量
06     c1 = 'a';                       // 为变量c1赋值为'a'
```

```
07      c2 = 'b';                              // 为变量c2赋值为'b'
08      printf("%c,%d\n%c,%d", c1, c1, c2, c2);  // 分别以字符形式和整数形式输出变量的值
09  }
```

程序运行结果如图 2.13 所示。

图 2.13　字符数据与整型数据之间的运算

拓展训练

（1）试着输出字符"A"和"a"的ASCII码值。（资源包\Code\Try\001）
（2）程序中不出现字符"B"，试着输出字符"B"。（资源包\Code\Try\002）

C++ 语言允许对字符数据进行算术运算，此时就是对它们的 ASCII 码值进行算术运算。

实例 02　对字符数据进行算术运算　　　　　　　　　　实例位置：资源包\Code\SL\02\02

```
01  #include<iostream>
02  using namespace std;
03  int main()
04  {
05      char ch1,ch2;                          // 定义两个变量
06      ch1='a';                               // 赋值为 'a'
07      ch2='B';                               // 赋值为 'B'
08      printf("ch1=%c,ch2=%c\n",ch1-32,ch2+32);  // 以字符形式输出一个大于256的数值
09      printf("ch1+10=%d\n", ch1+10);         // 以整数形式输出变量ch1+10的值
10      printf("ch1+10=%c\n", ch1+10);         // 以字符形式输出变量ch1+10的值
11      printf("ch2+10=%d\n", ch2+10);         // 以整数形式输出变量ch2+10的值
12      printf("ch2+10=%c\n", ch2+10);         // 以字符形式输出变量ch2+10的值
13  }
```

程序运行结果如图 2.14 所示。

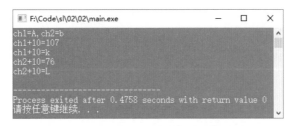

图 2.14　对字符数据进行算术运算

拓展训练

（1）分别以整数形式（%d）和字符形式（%c）输出 "'A' + 10" 的结果。（**资源包\Code\Try\003**）

（2）以字符形式（%c）输出 "'A' + 32" 的结果，观察结果，猜测 "'B' + 32" 的结果。（**资源包\Code\Try\004**）

2.4 数据类型

视频讲解

▶ 视频讲解：资源包\Video\02\2.4数据类型.mp4

程序在运行时要做的事情就是处理数据。不同的数据都是以自己本身的一种特定形式存在的（如整型、实型、字符型等），不同的数据类型占用不同的存储空间。C++ 是数据类型非常丰富的语言，其中常用的数据类型如图 2.15 所示。

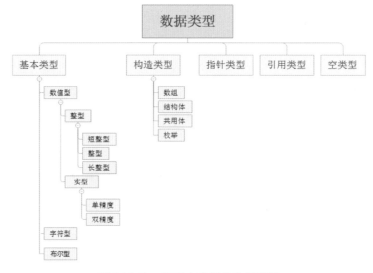

图 2.15 C++ 语言中常用的数据类型

掌握 C++ 语言的数据类型是学习 C++ 语言的基础。本节将对基本数据类型进行介绍。

2.4.1 数值类型

C++ 语言中的数值类型主要分为整型和实型（浮点型）两大类。其中，整型按有无符号划分，可以分为有符号整型和无符号整型两类；按长度划分，可以分为普通整型、短整型和长整型三类，如表 2.5 所示。

表 2.5 整型分类

类　　型	名　　称	字 节 数	数的范围
[signed] int	短整型	2	$-32768 \sim 32767$，即 $-2^{15} \sim 2^{15}-1$
unsigned short	无符号短整型	2	$0 \sim 65535$，即 $0 \sim 2^{16}-1$
int	整型	4	$-2147483648 \sim 2147483648$，即 $-2^{31} \sim 2^{31}-1$

续表

类　　型	名　　称	字 节 数	数的范围
unsigned int	无符号整型	4	0~4294967295，即 0~2^{32}−1
long int	长整型	4	−2147483648~2147483648，即 −2^{31}~2^{31}−1
unsigned long	无符号长整型	4	0~4294967295，即 0~2^{32}−1

说明　　　表2.5中的[]为可选部分。例如，[signed] long [int]可以简写为long。

实型主要分为单精度类型、双精度类型和长双精度类型，如表 2.6 所示。

表 2.6 实型分类

类　　型	名　　称	字 节 数	数的范围
float	单精度类型	4	1.2e-38~2.4e38
double	双精度类型	8	2.2e-308~1.8e308
long double	长双精度类型	8	2.2e-308~1.8e308

在程序中使用实型数据时需要注意以下几点。

（1）实数的相加。实型数据的有效数字是有限制的，如单精度类型（float）的有效数字是 6~7 位。如果将数字 86041238.78 赋值给 float 类型，则显示的数字可能是 86041240.00，个位数 8 被四舍五入，小数位被忽略。如果将 86041238.78 与 5 相加，则输出的结果为 86041245.00，而不是 86041243.78。

（2）实数与零的比较。在开发程序的过程中，经常会进行两个实数的比较，此时尽量不要使用"=="或"!="运算符，而是应该使用">="或"<="之类的运算符，许多程序开发人员在此经常犯错。例如：

```
float fvar = 0.00001;              // 定义一个实型变量
if (fvar == 0.0)                   // 判断变量的值是否为0
…
```

上述代码并不是高质量的代码，如果程序要求的精度非常高，则可能会产生未知的结果。通常在比较实数时需要定义实数的精度。

利用实数的精度进行实数比较。示例如下：

```
01  #include <stdlib.h>
02  #include <stdio.h>
03  int main()
04  {
05      float eps = 0.0000001;         // 定义0的精度
06      float fvar = 0.00001;
07      if (fvar >= -eps && fvar <= eps)   // 如果超出精度
08          printf("等于零!\n",fvar);
09      else                           // 没有超出精度
10          printf("不等于零!\n",10);
11  }
```

运行结果如图 2.16 所示。

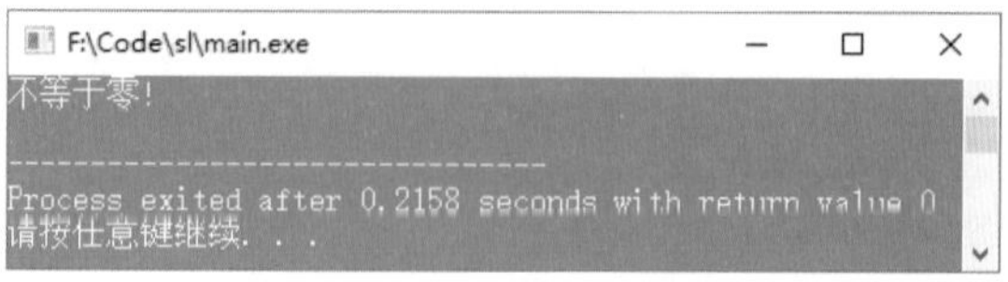

图 2.16 实数比较的运行结果

2.4.2 字符类型

在C++语言中，字符数据使用“' '”来表示，如'A'、'B'、'C'等。定义字符变量可以使用char关键字。例如：

```
char c  = 'a';          // 定义一个字符变量
char ch = 'b';          // 定义一个字符变量
```

在计算机中字符是以ASCII码的形式存储的，因此可以直接将整数赋值给字符变量。例如：

```
char ch = 97;             // 定义一个字符变量并赋值为97（a的ASCII码值）
printf("%c\n",ch);        // 输出该变量的值
```

输出结果为“a”，因为97对应的ASCII码为“a”。

2.4.3 布尔类型

在逻辑判断中，通常只有真和假两个结果。C++语言提供了布尔类型bool来描述真和假。bool类型共有两个取值，分别为true和false。顾名思义，true表示真，false表示假。在程序中，bool类型被作为整型对待，false表示0，true表示1。将bool类型赋值给整型是合法的，反之，将整型赋值给bool类型也是合法的。例如：

```
bool ret;                        // 定义布尔类型变量
int  var = 3;                    // 定义整型变量并赋值为3
ret = var;                       // 将整型值赋值给布尔类型变量
var = ret;                       // 将布尔类型值赋值给整型变量
```

2.5 数据的输入与输出

视频讲解

视频讲解：资源包\Video\02\2.5数据的输入与输出.mp4

在用户与计算机进行交互的过程中，数据输入和数据输出是必不可少的操作过程，计算机需要通过输入来获取来自用户的操作指令，并通过输出来显示操作结果。本节将介绍数据输入与输出的相关内容。

2.5.1 控制台屏幕

在NT内核的Windows操作系统中，为了保留DOS系统的风格，提供了控制台程序。单击系统的“开始”→“运行”，在“打开”输入框中输入“cmd.exe”，然后按<Enter>键，可以启动控制台程序。在控制台中可以运行DIR、CD、DELETE等DOS系统中的文件操作命令，也可以启动Windows的程序。控制台屏幕如图2.17所示。

图 2.17 控制台屏幕

使用 Dev-C++ 创建的控制台工程的程序都将运算结果输出到这个控制台屏幕上，它是程序显示输出结果的地方。

2.5.2 C++ 语言中的流

在 C++ 语言中，数据的输入和输出包括标准输入 / 输出设备（键盘、显示器）、外部存储介质（磁盘）上的文件和内存的存储空间 3 个方面的输入 / 输出。标准输入设备和标准输出设备的输入 / 输出简称标准 I/O，外存磁盘上文件的输入 / 输出简称文件 I/O，内存中指定的字符串存储空间的输入 / 输出简称串 I/O。

在 C++ 语言中，数据之间的传输操作称为"流"。C++ 语言中的流既可以表示数据从内存传输到某个载体或设备中，即输出流；也可以表示数据从某个载体或设备传输到内存缓冲区变量中，即输入流。C++ 语言中所有的流都是相同的，但文件流可以不同（文件流会在后面的章节中讲到）。使用流以后，程序用流统一对各种计算机设备和文件进行操作，使程序与设备、文件无关，从而提高了程序设计的通用性和灵活性。

C++ 语言定义了 I/O 类库供用户使用，标准 I/O 操作有 4 个类对象，它们分别是 cin、cout、cerr 和 clog。其中，cin 代表标准输入设备键盘，也称为 cin 流或标准输入流；cout 代表标准输出设备显示器，也称为 cout 流或标准输出流。当进行键盘输入操作时使用 cin 流，当进行显示器输出操作时使用 cout 流，当进行错误信息输出操作时使用 cerr 或 clog。

C++ 语言中的流通过重载运算符"<<"和">>"执行输入和输出操作。输出操作是向流中插入一个字符序列，因此，在流操作中，将左移运算符"<<"称为插入运算符。输入操作是从流中提取一个字符序列，因此，将右移运算符">>"称为提取运算符。例如，C++ 程序的输出示意图如图 2.18 所示。

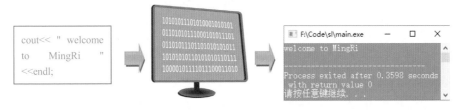

图 2.18　C++ 程序的输出示意图

1. cout 语句的一般格式

cout<<表达式1<<表达式2<<…<<表达式*n*;

cout 代表显示器，执行 cout << x 操作就相当于把 x 的值输出到显示器。

首先把 x 的值输出到显示器屏幕上，在当前屏幕光标位置显示出来，然后 cout 流恢复到等待输出的状态，以便继续通过插入运算符输出下一个值。当使用插入运算符向一个流中输出一个值后，输出下一个值时，这个值将被紧接着放在上一个值的后面。所以，为了让流中的前后两个值分开，可以在输出一个值后接着输出一个空格，或者一个换行符，或者其他所需要的字符或字符串。

一条 cout 语句可以分写成若干行。例如：

```
cout<< "Hello World!" <<endl;
```

可以写成：

```
cout<< "Hello"   // 注意行末尾无分号
<<" "
<<"World!"
<<endl;          // 语句最后有分号
```

也可以写成多条 cout 语句：

```
cout<< "Hello"; // 语句末尾有分号
cout <<" ";
cout <<"World!.";
cout<<endl;
```

以上 3 种情况的输出均是正确的。

2. cin 语句的一般格式

```
cin>>变量1>>变量2>>…>>变量n;
```

cin 代表键盘，执行 cin >> x 就相当于把从键盘输入的数据赋值给变量。

当从键盘输入数据时，只有在输入完数据并按下 <Enter> 键后，系统才把该行数据存入键盘缓冲区，供 cin 流顺序读取给变量。另外，从键盘输入的各个数据之间必须用空格或回车符分开，因为 cin 为一个变量读入数据时是以空格或回车符作为其结束标志的。

说明

当 n >> x 操作中的 x 为字符指针类型时，则要求从键盘的输入中读取一个字符串，并把它赋值给 x 所指向的存储空间。若 x 没有事先指向一个允许写入信息的存储空间，则无法完成输入操作。另外，从键盘输入的字符串的两边不能带有双引号定界符，若有，则只作为双引号字符看待。对于输入的字符也是如此，不能带有单引号定界符。

cin 语句相当于 C 函数 scanf，将用户的输入赋值给变量。示例如下：

```
01  #include <iostream>
02  int main()
03  {
04      int iInput;
05      cout << "Please input a number:" <<endl;
06      cin >> iInput;
07      cout << "the number is:" << iInput<<endl;
08  }
```

将用户输入的数打印出来。

2.5.3 流输出格式控制

1. cout 输出格式控制

在头文件 iomanip.h 中定义了一些控制流输出格式的函数，在默认情况下，整型数按十进制形式输出，也可以通过 hex 将其设置为按十六进制形式输出。流操作控制的具体函数如表 2.7 所示。

表 2.7　流操作控制的具体函数

函　　数	说　　明
long setf(long f)	根据参数 f 设置相应的格式标志，返回此前的设置。该参数 f 所对应的实参为无名枚举类型中的枚举常量（又称格式化常量），可以同时使用一个或多个常量，每两个常量之间要用按位或操作符连接。如果需要左对齐输出，并使数据中的字母大写，则调用该函数的实参为 ios::left|ios::uppercase
long unsetf(long f)	根据参数 f 清除相应的格式化标志，返回此前的设置。如果要清除此前的左对齐输出设置，恢复默认的右对齐输出设置，则调用该函数的实参为 ios::left
int width()	返回当前的输出域宽。若返回值为 0，则表示没有为刚才输出的数据设置输出域宽。输出域宽是指输出的数据在流中所占用的字节数
int width(int w)	设置下一个数据的输出域宽为 w，返回值为输出上一个数据时所规定的域宽，若无规定，则返回 0。注意，此设置不是一直有效，而是只对输出下一个数据有效
setiosflags(long f)	设置参数 f 所对应的格式标志，其功能与 setf(long f) 成员函数相同。当然，在输出操作符后返回的是一个输出流。如果采用标准输出流 cout 进行输出，则返回 cout。输出每个操作符后都是如此，即返回输出它的流，以便向流中继续插入下一个数据
resetiosflags(long f)	清除参数 f 所对应的格式标志，其功能与 unsetf(long f) 成员函数相同。输出后返回一个流
setfill(int c)	设置填充字符的 ASCII 码为 c 的字符
setprecision(int n)	设置浮点数的输出精度为 n
setw(int w)	设置下一个数据的输出域宽为 w

数据输入 / 输出的格式控制还有更简便的形式，就是使用头文件 iomanip.h 中提供的操作符。使用这些操作符不需要调用成员函数，只要把它们作为插入操作符（" "）的输出对象即可。

☑ dec：转换为按十进制形式输出整数，是默认的输出格式。

☑ oct：转换为按八进制形式输出整数。

☑ hex：转换为按十六进制形式输出整数。

☑ ws：从输出流中读取空白字符。

☑ endl：输出换行符"\n"并刷新流。刷新流是指把流缓冲区中的内容立即写入对应的物理设备。

☑ ends：输出一个空字符"\0"。

☑ flush：只刷新一个输出流。

实例 03　控制打印格式程序　　　　　　　　　　　　　　　　实例位置：资源包\Code\SL\02\03

```
01 #include <iostream>
02 #include <iomanip>
03 using namespace std;
04 int main()
05 {
06     double adouble=123.456789012345;        // 定义double类型的变量adouble
07     cout << adouble << endl;                 // 输出变量adouble的值，并换行
```

```
08    cout << setprecision(9) << adouble << endl;          // 设置浮点数的输出精度为9
09    cout << setprecision(6);                               // 恢复默认格式（精度为6）
10    cout << setiosflags(ios::fixed);                       // 设置格式标志
11    // 设置格式标志和精度，并输出adouble和换行
12    cout << setiosflags(ios::fixed) << setprecision(8) << adouble << endl;
13    // 设置格式标志，并输出adouble和换行
14    cout << setiosflags(ios::scientific) << adouble << endl;
15    // 设置格式标志和精度，并输出adouble和换行
16    cout << setiosflags(ios::scientific) << setprecision(4) << adouble << endl;
17    // 整数输出
18    int aint=123456;                                       // 对aint赋初值
19    cout << aint << endl;                                  // 输出：123456
20    cout << hex << aint << endl;                           // 输出：1e240
21    cout << setiosflags(ios::uppercase) << aint << endl;   // 输出：1E240
22    cout << dec << setw(10) << aint <<','<< aint << endl;  // 输出：123456，123456
23    cout << setfill('*') << setw(10) << aint << endl;      // 输出：****123456
24    cout << setiosflags(ios::showpos) << aint << endl;     // 输出：+123456
25    // 输出大写的十六进制整数
26    int aint_i=0x2F,aint_j=255;                            // 定义变量
27    cout << aint_i << endl;                                // 输出十进制整数
28    cout << hex << aint_i << endl;                         // 输出十六进制整数
29    cout << hex << aint_j << endl;                         // 输出十六进制整数
30    // 输出大写的十六进制整数
31    cout << hex << setiosflags(ios::uppercase) << aint_j << endl;
32    // 控制输出精度
33    int aint_x=123;                                        // 定义整型变量并赋值
34    double adouble_y=-3.1415;                              // 定义双精度浮点型变量并赋值
35    cout << "aint_x=";                                     // 输出字符串
36    cout.width(10);                                        // 设置宽度为10
37    cout << aint_x <<endl;                                 // 输出aint_x变量的值：*******7B
38    cout << "adouble_y=";                                  // 输出字符串
39    cout.width(10);                                        // 设置宽度为10
40    cout << adouble_y <<endl;                              // 输出adouble_y变量的值：****-3.142
41    cout.setf(ios::left);                                  // 设置为左对齐
42    cout << "aint_x=";                                     // 输出字符串
43    cout.width(10);                                        // 设置宽度为10
44    cout << aint_x <<endl;                                 // 输出aint_x变量的值：7B********
45    cout << "adouble_y=";                                  // 输出字符串
46    cout << adouble_y <<endl;       // 输出adouble_y变量的值：-3.142   （后面有3个空格）
47    cout.fill('*');                                        // 设置填充的字符为*
48    cout.precision(4);                                     // 设置精度为4位
49    cout.setf(ios::showpos);                               // 设置输出时显示符号
50    cout << "aint_x=";                                     // 输出字符串
51    cout.width(10);                                        // 设置宽度为10
52    cout << aint_x <<endl;                                 // 输出aint_x变量的值：7B********
53    cout << "adouble_y=";                                  // 输出字符串
54    cout.width(10);                                        // 设置宽度为10
55    cout << adouble_y <<endl;                              // 输出adouble_y变量的值：-3.142****
56    // 流输出小数控制
57    float afloat_x=20,afloat_y=-400.00;
```

```
58      cout << afloat_x <<' '<< afloat_y << endl;
59      cout.setf(ios::showpoint);                    // 强制显示小数点和无效的0
60      cout << afloat_x <<' '<< afloat_y << endl;
61      cout.unsetf(ios::showpoint);
62      cout.setf(ios::scientific);                   // 设置按科学计数法输出
63      cout << afloat_x <<' '<< afloat_y << endl;
64      cout.setf(ios::fixed);                        // 设置按定点表示法输出
65      cout << afloat_x <<' '<< afloat_y << endl;
66  }
```

程序运行结果如图 2.19 所示。

图 2.19 控制打印格式程序的运行结果

（1）银行的存款年利率为2.95%，如果在银行中存入10000元，那么一年后可以取出多少钱？（小数点后保留两位）（**资源包\Code\Try\005**）

（2）向控制台输出圆周率，保留4位小数，并四舍五入（即输出3.1416）。（**资源包\Code\Try\006**）

2. printf 函数输出格式控制

C++ 语言中还保留着 C 语言的屏幕输出函数 printf，使用 printf 函数可以将任意数量类型的数据输出到屏幕。printf 函数的声明形式如下：

```
printf("[控制格式]…[控制格式]…",数值列表);
```

printf 是变参函数，其中，数值列表中可以有多个数值，数值的个数不是确定的，数值之间用逗号运算符隔开；控制格式表示数值以哪种格式输出，控制格式的数量要与数值的个数一致，否则程序运行时会产生错误。

控制格式是由 % + 特定字符构成的，形式如下：

%[*][域宽][长度]类型

"*"表示可以使用占位符，"域宽"表示输出内容的长度。如果输出内容的长度没有域宽长，则用占位符占位；如果输出内容的长度比域宽长，那么就按实际内容输出，以适应域宽。"长度"决定输出内容的长度，例如，%d 代表以整型数据格式输出。输出类型如表 2.8 所示。

表 2.8 输出类型

格 式 符	含 义
d	以十进制形式输出有符号整数（正数不输出符号）
o	以八进制形式输出无符号整数（不输出前缀 o）
x	以十六进制形式输出无符号整数（不输出前缀 ox）
u	以十进制形式输出无符号整数
c	输出单个字符
s	输出字符串
f	以小数形式输出单、双精度实数
e	以指数形式输出单、双精度实数
g	以 %f%e 中较短的输出宽度输出单、双精度实数

（1）d 格式符：以十进制形式输出整数。它有以下几种用法：

☑ %d，按整型数据的实际长度输出。

☑ %*md，m 为指定的输出字段的宽度。如果数据的位数小于 m，则用"*"所指定的字符占位；如果"*"未指定字符，则用空格占位。如果数据的位数大于 m，则按实际位数输出。

☑ %ld，输出长整型数据。

（2）o 格式符：以八进制形式输出整数。它有以下几种用法：

☑ %o，按整型数据的实际长度输出。

☑ %*mo，m 为指定的输出字段的宽度。如果数据的位数小于 m，则用"*"所指定的字符占位；如果"*"未指定字符，则用空格占位。如果数据的位数大于 m，则按实际位数输出。

☑ %lo，输出长整型数据。

（3）x 格式符：以十六进制形式输出整数。它有以下几种用法：

☑ %x，按整型数据的实际长度输出。

☑ %*mx，m 为指定的输出字段的宽度。如果数据的位数小于 m，则用"*"所指定的字符占位；如果"*"未指定字符，则用空格占位。如果数据的位数大于 m，则按实际位数输出。

☑ %lx，输出长整型数据。

（4）s 格式符：用来输出一个字符串。它有以下几种用法：

☑ %s，将字符串按实际长度输出。

☑ %*ms，输出的字符串占 m 列。如果字符串本身的长度大于 m，则突破 m 的限制，用"*"所指定的字符占位；如果"*"未指定字符，则用空格占位。如果字符串本身的长度小于 m，则左补空格。

☑ %-ms，如果字符串本身的长度小于 m，则在 m 列范围内，字符串向左靠，右补空格。

☑ %m.ns，输出的字符串占 m 列，但只取字符串中左端的 n 个字符。这 n 个字符被输出在 m 列的右侧，左补空格。

☑ %-m.ns，输出长整型数据。输出的字符串占 m 列，但只取字符串中左端的 n 个字符。这 n 个
字符被输出在 m 列的左侧，右补空格。

（5）f 格式符：以小数形式输出实数。它有以下几种用法：

☑ %f，不指定字段的宽度，整数部分全部输出，小数部分输出 6 位。

☑ %m.nf，输出的数据占 m 列，其中有 n 位小数。如果数据的长度小于 m，则左补空格。

☑ %-m.nf，输出的数据占 m 列，其中有 n 位小数。如果数据的长度小于 m，则右补空格。

（6）e 格式符：以指数形式输出实数。它有以下几种用法：

☑ %e，不指定输出的数据所占的宽度和小数位数。

☑ %m.ne，输出的数据占 m 位，其中有 n 位小数。如果数据的长度小于 m，则左补空格。

☑ %-m.ne，输出的数据占 m 位，其中有 n 位小数。如果数据的长度小于 m，则右补空格。

实例 04　使用 printf 进行输出	实例位置：资源包\Code\SL\02\04

```cpp
01  #include <iostream>
02  int main()
03  {
04      // 输出占位符
05      printf("%4d\n",1);          // 用空格做占位符
06      printf("%04d\n",1);         // 用0做占位符
07      int aint_a=10,aint_b=20;
08      printf("%d%d\n",aint_a,aint_b);   // 相当于字符连接
09      // 控制字符串输出格式
10      char *str="helloworld";
11      printf("%s\n%10.5s\n%-10.2s\n%.3s",str,str,str,str);
12      // 浮点数输出格式
13      float afloat=2998.453257845;
14      double adouble=2998.453257845;
15      // 以指定的格式输出afloat和adouble的值
16      printf("%f\n%15.2f\n%-10.3f\n%f",afloat,afloat,afloat,adouble);
17      // 以科学计数法输出
18      printf("%e\n%15.2e\n%-10.3e\n%e",afloat,afloat,afloat,adouble);
19  }
```

程序运行结果如图 2.20 所示。

图 2.20　使用 printf 进行输出

拓展训练

（1）光在真空中的速度为299792458米／秒，请用科学计数法输出光速。（资源包\Code\Try\007）

（2）地球的年龄约为45.5亿年，请用科学计数法输出地球的年龄。（资源包\Code\Try\008）

2.6 小结

本章重点讲解了变量、常量、数据类型以及格式化输出，并给出了大量例子。读者在学习本章时，要重点掌握变量、数据类型以及格式化输出等内容，并且要了解如何进行数据类型转换。

本章 e 学码：关键知识点拓展阅读

C++ 标准库	DOS 系统
cin 流	main()
cout 流	定界符

e 学码

第**3**章
运算符与表达式

（ ▶ 视频讲解：1 小时 54 分钟）

本章概览

　　C++ 提供了丰富的运算符，方便开发人员使用，运算符也是 C++ 语言灵活性的体现。本章将介绍程序开发的关键部分——表达式。通过阅读本章，您可以：
- ☑ 掌握常用的运算符。
- ☑ 掌握运算符之间的优先级。
- ☑ 了解由不同运算符组成的表达式。

知识框架

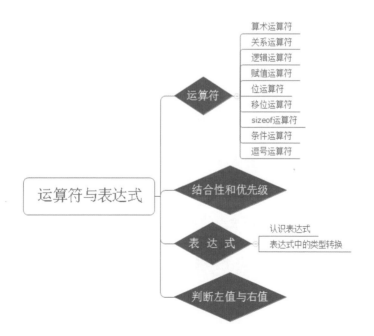

3.1 运算符

视频讲解：资源包\Video\03\3.1运算符.mp4

运算符就是具有运算功能的符号。C++ 语言中有丰富的运算符，其中很多运算符都是从 C 语言继承的，它新增的运算符有作用域运算符 "::" 和成员指针运算符 "->"。

与 C 语言一样，根据使用运算符的对象个数，C++ 语言将运算符分为单目运算符、双目运算符和三目运算符。根据使用运算符的对象之间的关系，C++ 语言将运算符分为算术运算符、关系运算符、逻辑运算符、赋值运算符、位运算符、移位运算符、sizeof 运算符、条件运算符和逗号运算符。

3.1.1 算术运算符

算术运算主要指常用的加（+）、减（-）、乘（*）、除（/）四则运算，算术运算符中有单目运算符和双目运算符。算术运算符如表 3.1 所示。

表 3.1 算术运算符

运 算 符	功 能	目 数	用 法
+	加法运算	双目	expr1 + expr2
-	减法运算	双目	expr1 - expr2
*	乘法运算	双目	expr1 * expr2
/	除法运算	双目	expr1 / expr2
%	模运算	双目	expr1 % expr2
++	自增	单目	++expr 或 expr++
--	自减	单目	--expr 或 expr--

说明　　expr表示使用运算符的对象，可以是表达式、变量和常量。

在 C++ 语言中有两个特殊的算术运算符，即自增运算符 "++" 和自减运算符 "--"。例如公交车上的乘客数量，每上来一个乘客，乘客的数量就会增加一个，此时乘客的数量就可以使用自增运算符来算，因为自增运算符的作用就是使变量值加 1。同样，自减运算符的作用是使变量值减 1。例如客车上的座位数量，每上来一个乘客，座位的数量就会减少一个，此时座位的数量就可以使用自减运算符来算。

自增运算符和自减运算符可以被放在变量的前面或者后面，放在变量的前面称为前缀，放在变量的后面称为后缀。自增、自减的形式如图 3.1 所示。

从图 3.1 中可以看出，运算符的位置并不重要，因为所得到的结果是一样的，自减就是减 1，自增就是加 1。

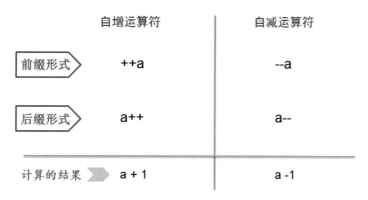

图 3.1　自增、自减的形式

注意　在表达式内部，作为运算的一部分，两者的用法可能有所不同。如果将运算符放在变量的前面，那么变量在参与表达式运算之前要先完成自增或者自减的运算；如果将运算符放在变量的后面，那么变量的自增或者自减的运算要在变量参与表达式运算之后完成，如图3.2所示。

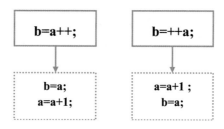

图 3.2　前缀与后缀比较

常见错误　自增运算符和自减运算符是单目运算符，因此表达式和常量不可以进行自增、自减。例如，5++和(a+5)++都是不合法的。

3.1.2 关系运算符

在数学中，经常需要比较两个数的大小。例如，如图 3.3 所示，小明的数学成绩是 90 分，小红的数学成绩是 95 分，在单科成绩单中，小红的排名高于小明。在比较成绩时，就使用了本节要讲的关系运算符。在 C++ 语言中，关系运算符的作用就是判断两个操作数的大小关系。

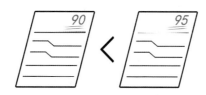

图 3.3　比较数学成绩示意图

关系运算符如表 3.2 所示。

表 3.2　关系运算符

运　算　符	功　　能	目　　数	用　　法
<	小于	双目	expr1 < expr2
>	大于	双目	expr1 > expr2
>=	大于或等于	双目	expr1 >= expr2
<=	小于或等于	双目	expr1 <= expr2
==	恒等于	双目	expr1 == expr2
!=	不等于	双目	expr1 != expr2

注意

运算符 ">=" 与 "<=" 的意思分别是大于或等于、小于或等于。

关系运算符都是双目运算符，其结合性均为左结合。关系运算符的优先级低于算术运算符，高于赋值运算符。在 6 个关系运算符中，<、<=、>、>= 的优先级相同，高于 == 和 != 的优先级，== 和 != 的优先级相同。

3.1.3　逻辑运算符

在招聘信息中常常会看到对年龄的要求，如要求年龄在 18 岁以上、35 岁以下。使用 C++ 语言怎样来表达这句话的意思呢？如图 3.4 所示。

age>18&&age<35

图 3.4　招聘要求的 C++ 语言表达

图 3.4 中的 && 就是逻辑运算符，逻辑运算符是对真和假这两种逻辑值进行运算，运算后的结果仍然是一个逻辑值。逻辑运算符如表 3.3 所示。

表 3.3　逻辑运算符

运　算　符	功　　能	目　　数	用　　法
&&	逻辑与	双目	expr1 && expr2
||	逻辑或	双目	expr1 || expr2
!	逻辑非	单目	!expr

例如，变量 a 和 b 的逻辑运算结果如表 3.4 所示。

表 3.4　变量 a 和 b 的逻辑运算结果

a	b	a && b	a || b	!a	!b
0	0	0	0	1	1
0	1	0	1	1	0

a	b	a && b	a || b	!a	!b
1	0	0	1	0	1
1	1	1	1	0	0

说明　　1代表真，0代表假。

其中的表达式仍然可以是逻辑表达式，从而形成了嵌套。例如，(a\|\|b)&&c 的结合性为逻辑运算符的左结合。

实例 01　　求逻辑表达式的值	实例位置：资源包\Code\SL\03\01

```
01 #include<iostream>
02 using namespace std;
03 int main()
04 {
05     int i=5,j=8,k=12,l=4,x1,x2;
06     x1=i>j&&k>l;                    // 先进行"大于"运算，再进行"与"运算
07     x2=!(i>j)&&k>l;                 // 运算顺序: i>j,!,K>l,&&
08     printf("%d,%d\n",x1,x2);
09 }
```

程序运行结果如图 3.5 所示。

图 3.5　求逻辑表达式的值

（1）有两名男性应聘者，年龄分别为25岁和32岁。该公司招聘信息中有一个要求，即男性应聘者的年龄为23~30岁，判断这两名应聘者是否满足这个要求。（资源包\Code\Try\009）

（2）在明日学院网站首页中，可以使用账户名登录，也可以使用手机号登录，还可以使用电子邮箱登录。请判断某用户是否可以登录。（已知服务器中有这样的记录——账户名：张三，手机号：1234567890，电子邮箱：zhangsan@163.com）。（资源包\Code\Try\010）

3.1.4　赋值运算符

在程序中经常遇到的符号 "=" 就是赋值运算符，其作用是将一个数值赋给变量。

赋值运算符分为简单赋值运算符和复合赋值运算符，其中复合赋值运算符又称为带有运算的赋值运算符。简单赋值运算符就是给变量赋值的运算符。例如：

```
变量 = 表达式
```

等号"="就是简单赋值运算符。

C++ 语言提供了很多复合赋值运算符，如表 3.5 所示。

表 3.5 复合赋值运算符

运 算 符	功 能	目 数	用 法
+=	加法赋值	双目	expr1 += expr2
−=	减法赋值	双目	expr1 −= expr2
*=	乘法赋值	双目	expr1 *= expr2
/=	除法赋值	双目	expr1 /= expr2
%=	模运算赋值	双目	expr1 % = expr2
<<=	左移赋值	双目	expr1 <<= expr2
>>=	右移赋值	双目	expr1 >>= expr2
&=	按位与运算并赋值	双目	expr1 &= expr2
|=	按位或运算并赋值	双目	expr1 |= expr2
^=	按位异或运算并赋值	双目	expr1 ^= expr2

复合赋值运算符都有等同的简单赋值运算符和其他运算符的组合形式。

- ☑ a+=b，等价于 a=a+b。
- ☑ a−=b，等价于 a=a−b。
- ☑ a*=b，等价于 a=a*b。
- ☑ a/=b，等价于 a=a/b。
- ☑ a%=b，等价于 a=a%b。
- ☑ a<<=b，等价于 a=a<<b。
- ☑ a>>=b，等价于 a=a>>b。
- ☑ a&=b，等价于 a=a&b。
- ☑ a^=b，等价于 a=a^b。
- ☑ a|=b，等价于 a=a|b。

复合赋值运算符都是双目运算符，C++ 语言采用这种运算符可以更高效地进行加、减、乘、除、移位等运算，编译器在生成目标代码时能够直接优化，使程序代码更精简。这种书写形式也非常简洁，使得代码更加紧凑。

复合赋值运算符将运算结果返回作为表达式的值，同时把第一个操作数对应的变量值设为运算结果。例如：

```
int a=6;
a*=5;
```

运算结果是：a= 30。a*=5 等价于 a=a*5，a*5 的运算结果被作为临时变量值赋给了变量 a。

3.1.5 位运算符

位运算符有位逻辑与运算符、位逻辑或运算符、位逻辑异或运算符和取反运算符，其中位逻辑与运算符、位逻辑或运算符和位逻辑异或运算符为双目运算符，取反运算符为单目运算符。位运算符如表 3.6 所示。

表 3.6 位运算符

运 算 符	功 能	目 数	用 法
&	位逻辑与	双目	expr1 & expr2
|	位逻辑或	双目	expr1 | expr2
^	位逻辑异或	双目	expr1 ^ expr2
~	取反	单目	~expr

在双目运算符中，位逻辑与运算符的优先级最高，位逻辑或运算符次之，位逻辑异或运算符最低。

（1）位逻辑与，实际上是将操作数转换成二进制表示形式，然后将两个二进制操作数对象从低位（最右边）到高位对齐，每位求与。若两个操作数对象的同一位都为 1，则结果的对应位为 1；否则，结果的对应位为 0。例如，12 和 8 经过位逻辑与运算后得到的结果是 8。

```
    0000 0000 0000 1100        （十进制数12的原码表示）
&   0000 0000 0000 1000        （十进制数8的原码表示）
    0000 0000 0000 1000        （十进制数8的原码表示）
```

说明　十进制数在用二进制形式表示时，有原码、反码、补码多种表示方式。

（2）位逻辑或，实际上是将操作数转换成二进制表示形式，然后将两个二进制操作数对象从低位（最右边）到高位对齐，每位求或。若两个操作数对象的同一位都为 0，则结果的对应位为 0；否则，结果的对应位为 1。例如，4 和 8 经过位逻辑或运算后得到的结果是 12。

```
    0000 0000 0000 0100        （十进制数4的原码表示）
|   0000 0000 0000 1000        （十进制数8的原码表示）
    0000 0000 0000 1100        （十进制数12的原码表示）
```

（3）位逻辑异或，实际上是将操作数转换成二进制表示形式，然后将两个二进制操作数对象从低位（最右边）到高位对齐，每位求异或。若两个操作数对象的同一位不同时为 1，则结果的对应位为 1；否则，结果的对应位为 0。例如，31 和 22 经过位逻辑异或运算后得到的结果是 31。

```
    0000 0000 0001 1111        （十进制数31的原码表示）
^   0000 0000 0001 0110        （十进制数22的原码表示）
    0000 0000 0001 1111        （十进制数31的原码表示）
```

（4）取反，实际上是将操作数转换成二进制表示形式，然后将各个二进制位由 1 变为 0，由 0 变为 1。例如，41883 经过取反运算后得到的结果是 23652。

```
~   1010 0011 1001 1011        （十进制数41883的原码表示）
    0101 1100 0110 0100        （十进制数23652的原码表示）
```

位运算符实际上是算术运算符，使用位运算符组成的表达式的值是算术值。

实例 02　使用位运算符	实例位置：资源包\Code\SL\03\02

```
01 #include <iostream>
02 using namespace std;
03 int main()
04 {
05     int x = 123456;
06     printf("12与8的结果: %d\n", (12 & 8));          // 位逻辑与计算整数的结果
07     printf("4或8的结果: %d\n", (4 | 8));            // 位逻辑或计算整数的结果
08     printf("31异或22的结果: %d\n", (31 ^ 22));      // 位逻辑异或计算整数的结果
09     printf("123取反的结果: %d\n", ~x);              // 取反计算整数的结果
10     // 位逻辑与计算布尔值的结果
11     printf("2>3与4!=7的与结果: %d\n", (2 > 3 & 4 != 7));
12     // 位逻辑或计算布尔值的结果
13     printf("2>3与4!=7的或结果: %d\n", (2 > 3 | 4 != 7));
14     // 位逻辑异或计算布尔值的结果
15     printf("2<3与4!=7的异或结果: %d\n", (2 < 3 ^ 4 != 7));
16 }
```

程序运行结果如图 3.6 所示。

图 3.6 使用位运算符

（1）使用位运算符，将0xFFFF1234最低位的2字节设置为0，结果为0xFFFF0000。（资源包\Code\Try\011）

（2）用户创建完新账户后，服务器为保护用户隐私，使用异或运算对用户密码进行二次加密，计算公式为"加密数据 = 原始密码 ^ 加密算子"，已知加密算子为整数79。请问用户密码459137经过加密后的值是多少？（资源包\Code\Try\012）

3.1.6 移位运算符

移位运算符有两个，分别是左移运算符"<<"和右移运算符">>"，这两个运算符都是双目运算符。

（1）左移是指将一个二进制操作数按指定的位数向左移动，左边（高位端）溢出的位被丢弃，右边（低位端）的空位用 0 填充。左移相当于乘以 2 的幂，如图 3.7 所示。

例如，操作数 41883 的二进制形式是 1010 0011 1001 1011，左移 1 位变成 18230，左移 2 位变成 36460，运算过程如图 3.8 所示（假设该操作数为 16 位）。

（2）右移是指将一个二进制操作数按指定的位数向右移动，右边（低位端）溢出的位被丢弃，左边（高位端）的空位用 0 填充，或者用被移位操作数的符号位填充，运算结果与编译器有关。在使用补码的机器中，正数的符号位为 0，负数的符号位为 1。右移相当于除以 2 的幂，如图 3.9 所示。

例如，操作数 41883 的二进制形式是 1010 0011 1001 1011，右移 1 位变成 20941，右移 2 位变成 10470，运算过程如图 3.10 所示（假设该操作数为 16 位）。

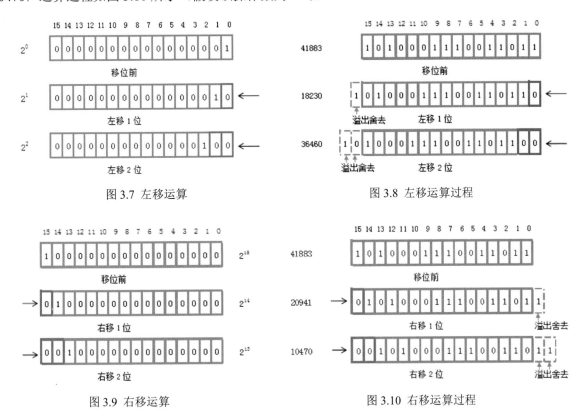

图 3.7 左移运算　　　　　　　　图 3.8 左移运算过程

图 3.9 右移运算　　　　　　　　图 3.10 右移运算过程

实例 03　左移运算	实例位置：资源包\Code\SL\03\03

```
01 #include<iostream>
02 using namespace std;
03 int main()
04 {
05     int a=0x40,b;
06     b=a<<1;                    // 将a左移1位的结果赋值给b
07     cout << b << endl;
08 }
```

程序运行结果：

```
128
```

由于移位运算的速度很快，在程序中遇到表达式乘以 2 的幂或除以 2 的幂的情况时，一般采用移位运算。

拓展训练

（1）使用移位运算符，计算 "1024 / 8" 的结果。（资源包\Code\Try\013）
（2）使用移位运算符和算术运算符，计算 "1024 % 8" 的结果。（资源包\Code\Try\014）

3.1.7 sizeof 运算符

sizeof 运算符是一个很像函数的运算符，也是唯一一个用到字母的运算符。该运算符有两种形式：

```
sizeof(类型说明符)
sizeof(表达式)
```

其功能是返回指定的数据类型或表达式值的数据类型在内存中占用的字节数。

说明

由于CPU寄存器的位数不同，因此同种数据类型占用的内存字节数就可能不同。

例如：

```
sizeof (char)
```

返回 1，说明 char 类型占用 1 字节。

```
sizeof (void *)
```

返回 4，说明 void 类型的指针占用 4 字节。

```
sizeof (66)
```

返回 4，说明数字 66 占用 4 字节。

3.1.8 条件运算符

条件运算符是 C++ 语言中仅有的一个三目运算符，该运算符需要 3 个操作数对象，形式如下：

```
<表达式1> ? <表达式2> : <表达式3>
```

"表示式 1"是一个逻辑值，可以为真或假。若"表达式 1"为真，则运算结果是"表达式 2"；若"表达式 1"为假，则运算结果是"表达式 3"。这个运算相当于一条 if 语句。

3.1.9 逗号运算符

C++ 语言中的逗号","也是一种运算符，称为"逗号运算符"。逗号运算符的优先级最低，结合方向自左至右，其功能是把两个表达式连接起来组成一个表达式。逗号运算符是一个多目运算符，并且操作数的个数不限定，可以将任意多个表达式组成一个表达式。

例如：

```
x,y,z
a=1,b=2
```

逗号表达式的注意事项如下：

（1）逗号表达式可以嵌套。

```
表达式1,(表达式2,表达式3)
```

嵌套的逗号表达式可以被转换成扩展形式，扩展形式如下：

表达式1, 表达式2, …, 表达式n

整个逗号表达式的值等于表达式 *n* 的值。

（2）在程序中使用逗号表达式，通常要分别求出逗号表达式内各表达式的值，并不一定要求出整个逗号表达式的值。

（3）并不是在所有出现逗号的地方都能组成逗号表达式，比如在变量说明中，函数参数表中的逗号只是用作各变量之间的间隔符。

3.2 结合性和优先级

视频讲解

▶ 视频讲解：资源包\Video\03\3.2结合性和优先级.mp4

运算符优先级决定了在表达式中各个运算符执行的先后顺序。高优先级的运算符要先于低优先级的运算符进行运算。例如，根据先乘除后加减的原则，表达式"a+b*c"会先计算 b*c，再将得到的结果与 a 相加。在优先级相同的情况下，则按从左到右的顺序进行运算。

当表达式中有括号时，会改变运算符的优先级，先计算括号中子表达式的值，再计算整个表达式的值。

运算符的结合方式有两种：左结合和右结合。左结合表示运算符优先与其左边的操作数结合进行运算，例如加法运算；右结合表示运算符优先与其右边的操作数结合进行运算，例如单目运算符 +、−。

同一优先级的运算符的运算次序由结合方向决定。例如 1*2/3，* 和 / 的优先级相同，其结合方向自左向右，等价于 (1*2)/3。

运算符的优先级与结合性如表 3.7 所示。

表 3.7　运算符的优先级与结合性

运 算 符	名　　　称	优 先 级	结 合 性
() [] -> .	圆括号 下标 取类或结构分量 取类或结构成员	1（最高）	→
! ~ ++ -- − & * （类型） sizeof	逻辑非 按位取反 自增 1 自减 1 取负 取地址 取内容 强制类型转换 长度计算	2	←
* / %	乘 除 整数取模	3	→
+ −	加 减	4	→

运 算 符	名 称	优 先 级	结 合 性
<< >>	左移 右移	5	→
< <= > >=	小于 小于或等于 大于 大于或等于	6	→
== !=	恒等于 不等于	7	→
&	按位与	8	→
~	按位异或	9	→
|	按位或	10	→
&&	逻辑与	11	→
||	逻辑或	12	→
?:	条件	13	←
= /= %= *= −= >>= <<= &= ^ |=	赋值 / 运算并赋值 % 运算并赋值 * 运算并赋值 − 运算并赋值 >> 运算并赋值 << 运算并赋值 & 运算并赋值 ^ 运算并赋值 | 运算并赋值	14	←
,	逗号（顺序求值）	15（最低）	→

3.3 表达式

▶ 视频讲解：资源包\Video\03\3.3表达式.mp4

视频讲解

3.3.1 认识表达式

看到"表达式"就会不由自主地想到数学表达式，数学表达式是由数字、运算符和括号等组成的，如图 3.11 所示。

数学表达式在数学当中是至关重要的，表达式在 C++ 中也同样重要，它是 C++ 的主体。在 C++ 中，表达式由运算符和操作数组成。根据表达式所含运算符的个数，可以把表达式分为简单表达式和复杂表达式两种。简单表达式是只含有一个运算符的表达式，而复杂表达式是包含两个或两个以上运算符的表达式，如图 3.12 所示。

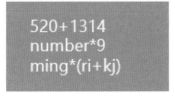

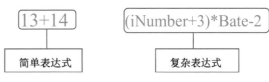

图 3.11　数学表达式

图 3.12　表达式种类

带运算符的表达式根据运算符的不同，可以分为算术表达式、关系表达式、逻辑表达式、条件表达式和赋值表达式等。

3.3.2　表达式中的类型转换

变量的数据类型转换方法有两种，其中一种是隐式类型转换，另一种是强制类型转换。

1. 隐式类型转换

隐式类型转换发生在不同数据类型的量混合运算时，由编译系统自动完成。

隐式类型转换遵循以下规则：

（1）若参与运算的量的类型不同，则先将其转换成同一种类型，然后再进行运算。在进行赋值运算时，会把赋值类型和被赋值类型转换成同一种类型，一般将赋值运算符右边量的类型转换为左边量的类型。如果右边量的数据类型的长度比左边量的长，则将丢失一部分数据，这样会降低精度，丢失的部分按四舍五入向前舍入。

（2）转换按照数据的精度从低到高顺序执行，以保证精度不降低。就像倒水，如图 3.13 所示，将小杯里的水倒进大杯，水不会流失。但是，如果将大杯里的水向小杯里倒，如图 3.14 所示，那么水就会溢出来。数据也是一样的，较长的数据就像大杯里的水，较短的数据就像小杯里的水，如果把较长的数值类型变量的值赋给较短的数值类型变量，那么数据就会降低级别表示。当数据长短超过较短的数值类型变量的可表示范围时，就会发生数据截断，就如同溢出的水。

图 3.13　用将小杯里的水倒进大杯演示自动转换的结果

图 3.14　用将大杯里的水向小杯里倒演示强制转换的结果

实例 04　隐式类型转换　　　　实例位置：资源包\Code\SL\03\04

```
01  #include<iostream>
02  using namespace std;
03  int main()
04  {
05      double result;
```

```
06      char a='k';
07      int b=10;
08      float e=1.515;
09      result=(a+b)-e;              // 字符型数据加整型数据减单精度浮点型数据
10      printf("%f\n",result);       // 输出结果
11  }
```

程序运行结果如图 3.15 所示。

图 3.15 隐式类型转换

（1）有一个整型变量 "int a=1" ，将其转换为浮点型输出，使输出结果为 "1.000000" 。（资源包\Code\Try\015）

拓展训练　（2）某基金年化利率为3.5%，现存入10000元本金，请问一天后连本带利有多少钱？计算公式：一天收益 = 本金 * 年化利率 / 365。（资源包\Code\Try\016）

2. 强制类型转换

强制类型转换是通过类型转换运算来实现的，其一般形式如下：

```
类型说明符 (表达式)
```

或者

```
(类型说明符) 表达式
```

其功能是把表达式的运算结果强制转换成类型说明符所表示的类型。
例如：

```
(float) x;
```

表示把 x 转换为单精度类型。

```
(int)(x+y);
```

表示把 x+y 的结果转换为整型。

```
int(1.3)
```

表示一个整数。
强制类型转换后，不改变在数据声明时对该变量定义的类型。例如：

```
double x;
(int)x;
```

x 仍为双精度类型。

使用强制类型转换的优点是编译器不必自动进行两次转换，而且程序员负责保证类型转换的正确性。

实例 05　强制类型转换应用	实例位置：资源包\Code\SL\03\05

```
01  #include<iostream>
02  using namespace std;
03  int main()
04  {
05      float i,j;
06      int k;
07      i=60.25;
08      j=20.5;
09      k=(int)i+(int)j;    // 强制类型转换i和j为整型，并求和
10      cout << k << endl;  // 输出k的值
11  }
```

程序运行结果：

```
80
```

（1）先输出整型值65所对应的字母，再输出整型值97所对应的字母，最后根据二者的差值，推导出大写字母和小写字母之间的关系。（资源包\Code\Try\017）

（2）一辆货车运输箱子，载货区宽2米、长4米，一个箱子宽1.5米、长1.5米，请问载货区一层可以放多少个箱子？（资源包\Code\Try\018）

3.4　判断左值与右值

▶ 视频讲解：资源包\Video\03\3.3判断左值与右值.mp4

C++中每个语句、表达式的结果都分为左值与右值两类。左值指的是内存中持续存储的数据，而右值指的是临时存储的结果。

在程序中，我们声明过的独立变量都是左值。例如：

```
int k;
short p;
char a;
```

又如：

```
int a = 0;
int b = 2;
int c = 3;
a = c-b;
b = a++;
```

```
c = ++a;
c--;
```

c - b 是一个存储表达式结果的临时数据，它的结果将被复制到 a 中，它是一个右值。a++ 自增的过程实质上是一个临时变量执行了加 1 运算，而 a 的值已经自增了。++a 恰好相反，a 的值是自增之后的值，是一个左值。由此可见，c-- 是一个右值。

左值都可以出现在表达式等号的左边，所以称为左值。若表达式的结果不是一个左值，那么表达式的结果一定是一个右值。

3.5 小结

本章介绍了 C++ 语言中的运算符，以及由运算符组成的表达式。不同的运算符有不同的运算规则，掌握这些规则是开发程序的关键。运算符的相关规则关系到程序的运行结果，运算符的优先级是开发人员必须掌握的，学习时要多加注意。

本章 e 学码：关键知识点拓展阅读

成员指针运算符	右值
单目运算符	左值
三目运算符	作用域运算符
双目运算符	

e 学码

第 **4** 章
条件判断语句

(▶ 视频讲解：1 小时 38 分钟）

本章概览

在生活中，我们常常会遇到选择问题，例如：午餐吃什么、下班后选择什么交通工具回家等类似的问题。选择是我们每天无形中都在做的事情，对于我们的生活来说，选择比较重要。而对于 C++ 来说，为了解决一些类似的问题，同样需要选择。本章将详细介绍 C++ 中的选择流程结构（又叫条件判断），让我们不再为选择犯难。

知识框架

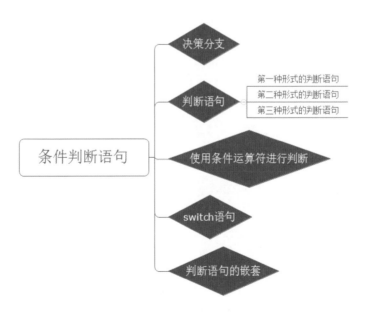

4.1 决策分支

视 频 讲 解

视频讲解：资源包\Video\04\4.1决策分支.mp4

计算机为用户提供了计算功能，但在计算过程中会遇到各种各样的情况，针对不同的情况会有不同的处理方法，这就要求程序开发语言要有处理决策的能力。汇编语言使用判断指令和跳转指令实现决策，高级语言使用选择判断语句实现决策。

一个决策系统就是一个分支结构，这种分支结构就像一个树形结构，每到一个节点都需要做决策，就像人走到十字路口，是向前走还是向左走或向右走都需要做决策。不同的分支代表不同的决策。例如，十字路口的分支结构如图 4.1 所示。

为了描述决策系统的流通性，设计人员开发了流程图。流程图使用图形方式描述系统不同状态的不同处理方法。开发人员使用流程图来表现程序的结构。流程图的主要符号如图 4.2 所示。

例如，使用流程图描述十字路口转向的决策，利用方位做决策，判断是否是南方，如果是南方，则向前行；如果不是南方，则寻找南方，如图 4.3 所示。

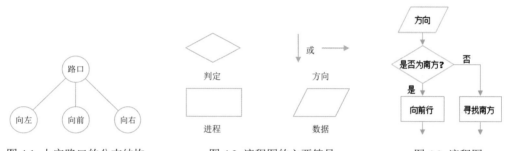

图 4.1 十字路口的分支结构　　　图 4.2 流程图的主要符号　　　图 4.3 流程图

程序中使用选择判断语句来做决策。选择判断语句是编程语言的基础语句，C++ 语言中有 3 种形式的选择判断语句，同时还提供了 switch 语句，以简化多分支决策的处理。下面对选择判断语句进行介绍。

说明

选择判断语句可以简称为判断语句，有的书中也称其为分支语句。

4.2 判断语句

视 频 讲 解

视频讲解：资源包\Video\04\4.2判断语句.mp4

4.2.1 第一种形式的判断语句

在 C++ 语言中，使用 if 关键字来组成判断语句。第一种判断语句的形式如下：

```
if(表达式)
    语句;
```

表达式一般为关系表达式，表达式的值应该是真或假（true 或 false）。如果表达式的值为真，则执行语句；如果表达式的值为假，则跳过语句块，执行下一条语句。使用流程图表示第一种形式的判断语句，如图 4.4 所示。

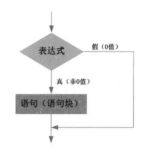

图 4.4 第一种形式的判断语句

实例 01　判断输入的数是否为奇数	实例位置：资源包\Code\SL\04\01

```
01 #include <iostream>
02 using namespace std;
03 int main()
04 {
05     int iInput;
06     cout << "Input a value:" << endl;
07     cin >> iInput; // 输入一个整数
08     if(iInput%2!=0)
09         cout << "The value is odd number" << endl;
10 }
```

程序分两步执行。

（1）定义一个整型变量 iInput，然后使用 cin 获得用户输入的一个整数。

（2）将变量 iInput 的值与 2 进行 % 运算。如果运算结果不为 0，则表示用户输入的是奇数，输出字符串 "The value is odd number"。如果运算结果为 0，则不进行任何输出，程序执行完成。

说明

　　将整数与2进行%运算，结果只有0或1两种情况。

拓展训练

　　（1）判断输入的数字是否能被3、5和7同时整除。（资源包\Code\Try\019）

　　（2）公司年会抽奖：

① "1" 代表 "一等奖"，奖品是 "42英寸彩电"。

② "2" 代表 "二等奖"，奖品是 "光波炉"。

③ "3" 代表 "三等奖"，奖品是 "加湿器"。

④ "4" 代表 "安慰奖"，奖品是 "16GB-U盘"。

请编写程序，读入输入的数字，判断该数字对应的奖品。（资源包\Code\Try\020）

我们要注意第一种形式的判断语句的书写格式。

虽然可以将判断语句：

```
if(a>b)
    max=a;
```

写成

```
if(a>b) max=a;
```

但不建议使用"if(a>b) max=a;"这种书写格式，因为不便于阅读。

判断形式中的语句可以是复合语句。也就是说，可以使用花括号将多条简单语句括起来。例如：

```
if(a>b)
{
    tmp=a;
    b=a;
    a=tmp;
}
```

4.2.2 第二种形式的判断语句

判断语句使用了 else 关键字。第二种判断语句的形式如下：

```
if(表达式)
    语句1；
else
    语句2；
```

表达式是一个关系表达式，表达式的值应该是真或假（true 或 false）。如果表达式的值为真，则执行语句 1；如果表达式的值为假，则执行语句 2。

第二种形式的判断语句相当于汉语里的"如果……那么……"，使用流程图表示第二种形式的判断语句，如图 4.5 所示。

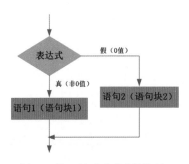

图 4.5 第二种形式的判断语句

实例 02 根据分数判断是否优秀 | 实例位置：资源包\Code\SL\04\02

```
01 #include <iostream>
02 using namespace std;
03 int main()
04 {
05     int iInput;11  }
```

```
06      cin >> iInput;
07      if(iInput>90)
08          cout << "It is Good" << endl;
09      else
10          cout << "It is not Good" << endl;
11  }
```

　　程序需要与用户交互，用户输入一个数值，该数值被赋值给 iInput 变量，然后判断用户输入的数值是否大于 90，如果是，则输出字符串"It is Good"；否则，输出字符串"It is not Good"。

　　（1）考试成绩的及格分是60分，小红考了91分，编写程序判断小红是否及格。（**资源包\Code\Try\021**）

　　（2）一位职工早上上班打卡，她的工位号是13，密码是111，输入正确的工位号和密码会出现"谢谢，已签到"的字样，请在控制台模拟此场景。（**资源包\Code\Try\022**）

4.2.3 第三种形式的判断语句

　　判断语句可以进行多次判断，每判断一次就缩小一定的检查范围。第三种判断语句的形式如下：

```
if(表达式1)
    语句1;
else if(表达式2)
    语句2;
else if(表达式3)
    语句3
    …
else if(表达式m)
    语句m;
else
    语句n;
```

　　表达式一般为关系表达式，表达式的值应该为真或假（true 或 false）。如果表达式的值为真，则执行语句；如果表达式的值为假，则跳过语句块，执行下一条语句。使用流程图表示第三种形式的判断语句，如图 4.6 所示。

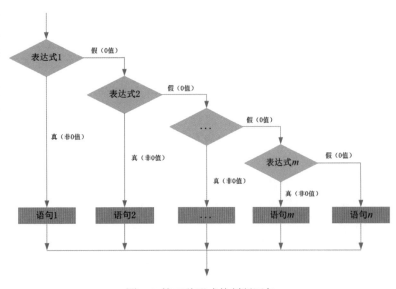

图 4.6　第三种形式的判断语句

注意

else if之间有一个空格，elseif连着写是错误的；else if前面必须要有if语句。

实例 03　根据成绩划分等级 ｜ 实例位置：资源包\Code\SL\04\03

```cpp
01  #include <iostream>
02  using namespace std;
03  int main()
04  {
05      int iInput;
06      cin >> iInput;
07      if(iInput>=90)
08      {
09          cout << "very good" <<endl;
10      }
11      else if(iInput>=80&& iInput<90)
12      {
13          cout << "well" <<endl;
14      }
15      else if(iInput>=70 && iInput <80)
16      {
17          cout << "good" <<endl;
18      }
19      else if(iInput>=60 && iInput <70)
20      {
21          cout << "normal" <<endl;
22      }
23      else if(iInput<60)
24      {
25          cout << "failure" <<endl;
26      }
27  }
```

　　程序需要用户输入整型数值，然后判断该数值是否大于或等于90，如果是，则输出"very good"字符串；否则，继续判断，判断该数值是否小于90、大于或等于80，如果是，则输出"well"字符串；否则，继续判断。以此类推，最后判断该数值是否小于60，如果是，则输出"failure"字符串。最后没有使用else再进行判断。

拓展训练

　　（1）设计一个过关类的小游戏，根据输入的数字，直接进入对应的关卡。例如，输入的数字是"3"，控制台输出"当前进入第三关"。（资源包\Code\Try\023）
　　（2）公司年会抽奖：
　　①"1"代表"一等奖"，奖品是"42英寸彩电"。
　　②"2"代表"二等奖"，奖品是"光波炉"。
　　③"3"代表"三等奖"，奖品是"加湿器"。
　　④"4"代表"安慰奖"，奖品是"16GB-U盘"。
　　根据控制台输入的奖号，输出与该奖号对应的奖品。（资源包\Code\Try\024）

4.3　使用条件运算符进行判断

视频讲解：资源包\Video\04\4.3使用条件运算符进行判断.mp4

条件运算符是一个三目运算符，它能像判断语句一样完成判断。例如：

```
max=(iA > iB) ? iA : iB;
```

首先比较 iA 和 iB 的大小，如果 iA 大于 iB，则取 iA 的值，否则取 iB 的值。

可以将条件运算符改为判断语句。例如：

```
if(iA > iB)
    max= iA;
else
    max= iB;
```

实例 04	使用条件运算符完成判断数的奇偶性	实例位置：资源包\Code\SL\04\04

```
01  #include<iostream>
02  using namespace std;
03  int main()
04  {
05      int iInput;
06      cout << "Input number" << endl;
07      cin >> iInput;      // 从键盘输入一个整数
08      (iInput%2!=0) ? cout << "The value is odd number" : cout << "The value is even number" ;
09      cout << endl;
10  }
```

该程序使用条件运算符完成判断数的奇偶性的代码，比使用判断语句的代码要简洁。程序同样完成：用户输入一个整数，然后将该数和 2 进行 % 运算，如果运算结果不为 0，则该数为奇数，否则该数为偶数。

拓展训练

（1）计程车计费标准：在3公里内起步价为6元，超出3公里按每公里2元收费。计算坐计程车所花的费用。（资源包\Code\Try\025）

（2）某同学卖校园网，收费标准是每天1元，若购买时间超过30天，则按每天（包括30天）0.75元收费。计算该同学能卖多少钱？（资源包\Code\Try\026）

4.4　switch 语句

视频讲解：资源包\Video\04\4.4switch语句.mp4

C++ 语言提供了一种用于多分支选择的 switch 语句。虽然可以使用 if 判断语句做多分支结构程序，但是当分支足够多时，if 判断语句会造成代码混乱，可读性也很差；而且，如果 if 判断语句使用不当，还会造成表达式的错误。所以，建议在仅有两个分支或分支较少时使用 if 判断语句，而在分支较多时使用 switch 语句。

switch 语句的一般形式如下：

```
switch(表达式)
{
case 常量表达式1:
    语句1;
    break;
case 常量表达式2:
    语句2;
    break;
    …
case 常量表达式m:
    语句m;
    break;
default:
    语句n;
}
```

switch 后面括号中的表达式就是要进行判断的条件。在 switch 语句中，使用 case 关键字表示检查条件符合的各种情况，其后的语句是相应的操作。其中还有一个 default 关键字，其作用是如果没有符合条件的情况，则执行 default 后默认情况的语句。switch 语句流程图如图 4.7 所示。

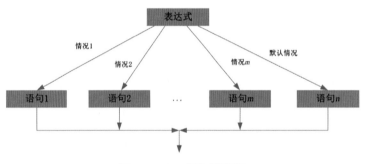

图 4.7 switch 语句流程图

实例 05 根据输入的字符输出字符串　　　　　实例位置：资源包\Code\SL\04\05

```cpp
01 #include <iostream>
02 #include <iomanip>
03 using namespace std;
04 int main()
05 {
06     char iInput;
07     cin >> iInput;
08     switch (iInput)
09     {
10     case 'A':
11         cout << "very good" << endl;
12         break;
13     case 'B':
```

```
14        cout << "good" << endl;
15        break;
16    case 'C':
17        cout << "normal" << endl;
18        break;
19    case 'D':
20        cout << "failure" << endl;
21        break;
22    default:
23        cout << "input error" << endl;
24    }
25 }
```

程序需要用户输入一个字符，当用户输入字符 'A' 时，向屏幕输出"very good"字符串；当输入字符 'B' 时，向屏幕输出"good"字符串；当输入字符 'C' 时，向屏幕输出"normal"字符串；当输入字符 'D' 时，向屏幕输出"failure"字符串；当输入其他字符时，向屏幕输出"input error"字符串。

在 switch 语句中，每条 case 语句都使用 break; 语句跳出，但该语句可以省略。由于程序默认是顺序执行的，当条件匹配成功后，其后面的每条 case 语句都会被执行，而不进行判断。例如：

```
01 #include <iostream>
02 using namespace std;
03 int main()
04 {
05    int iInput;
06    cin >> iInput;
07    switch(iInput)
08    {
09    case 1:
10        cout << "Monday" << endl;
11    case 2:
12        cout << "Tuesday" << endl;
13    case 3:
14        cout << "Wednesday" << endl;
15    case 4:
16        cout << "Thursday" << endl;
17    case 5:
18        cout << "Friday" << endl;
19    case 6:
20        cout << "Saturday" << endl;
21    case 7:
22        cout << "Sunday" << endl;
23    default:
24        cout << "Input error" << endl;
25    }
26 }
```

当输入"1"时，程序运行结果如图 4.8 所示；当输入"7"时，程序运行结果如图 4.9 所示。

零基础学 C++（升级版）

图 4.8 程序运行结果（输入 "1"）

图 4.9 程序运行结果（输入 "7"）

程序想要实现根据输入的 1~7 中的任意整数，输出该整数所对应的星期英文名称。但由于 switch 语句中的各 case 分句没有及时使用 break; 语句跳出，导致输出了意想不到的结果。

拓展训练

（1）根据输入的数字（0~9），输出对应的英文单词，比如输入的是 "3"，输出 "three"。（资源包\Code\Try\027）

（2）根据输入的数字（1~7），输出对应的星期，比如输入的是 "3"，输出 "今天是星期三"。（资源包\Code\Try\028）

4.5 判断语句的嵌套

视频讲解

📹 视频讲解：资源包\Video\04\4.5判断语句的嵌套.mp4

前面讲过 3 种形式的判断语句，这 3 种形式的判断语句都可以嵌套判断语句。例如，在第一种形式的判断语句中嵌套第二种形式的判断语句。形式如下：

```
if(表达式1)
{
    if(表达式2)
        语句1;
    else
        语句2;
}
```

在第二种形式的判断语句中嵌套第二种形式的判断语句。形式如下：

```
if(表达式1)
{
    if(表达式2)
        语句1;
    else
        语句2;
}
else
{
    if(表达式2)
        语句1;
```

```
    else
        语句2;
}
```

判断语句有多种嵌套方式，可以根据具体需要进行设计，但一定要注意对逻辑关系的正确处理。

实例 06　判断是否是闰年（使用嵌套判断语句）　　　　实例位置：资源包\Code\SL\04\06

```cpp
01  #include <iostream>
02  using namespace std;
03  int main()
04  {
05      int iYear;
06      cout << "please input number" << endl;
07      cin >> iYear;
08      if(iYear%4==0)
09      {
10          if(iYear%100==0)
11          {
12              if(iYear%400==0)
13                  cout << "It is a leap year" << endl;
14              else
15                  cout << "It is not a leap year" << endl;
16          }
17          else
18              cout << "It is a leap year" << endl;
19      }
20      else
21          cout << "It is not a leap year" << endl;
22  }
```

判断闰年的方法是看该年份数字能否被 4 整除、不能被 100 整除但能被 400 整除。程序使用判断语句对这 3 个条件逐一进行判断：先判断年份数字能否被 4 整除，iYear%4==0，如果不能被 4 整除，则输出字符串 "It is not a leap year"；否则，继续判断能否被 100 整除，iYear%100==0，如果不能被 100 整除，则输出字符串 "It is a leap year"；否则，继续判断能否被 400 整除，iYear%400==0，如果能被 400 整除，则输出字符串 "It is a leap year"；否则，输出字符串 "It is not a leap year"。

拓展训练

（1）公司有饮料区和食品区，饮料区有牛奶、咖啡、果汁，食品区有面包、饼干，用户可以点击按钮选择商品。利用 if 判断语句嵌套输出用户的订单（用户有输入功能）。（资源包\Code\Try\029）

（2）粽子有甜的、有咸的，甜粽子的价钱有 5 元的和 10 元的，咸粽子的价钱有 4 元和 12 元的。编写程序，根据输入的价钱和口味判断能吃到哪种粽子并打印出来。比如输入 "9" 和 "甜"，输出 "5 元的甜粽子"。（资源包\Code\Try\030）

我们可以简化判断是否是闰年的实例代码，用一条判断语句来完成。

实例 07 判断是否是闰年（使用一条判断语句） | **实例位置：资源包\Code\SL\04\07**

```cpp
01 #include <iostream>
02 using namespace std;
03 int main()
04 {
05     int iYear;
06     cout << "please input number" << endl;
07     cin >> iYear;
08     if(iYear%4==0 && iYear%100!=0 || iYear%400==0)
09         cout << "It is a leap year" << endl;
10     else
11         cout << "It is not a leap year" << endl;
12 }
```

程序中将能否被 4 整除、不能被 100 整除但能被 400 整除这 3 个条件用一个表达式来完成。该表达式是一个复合表达式，进行了 3 次算术运算和两次逻辑运算，其中算术运算判断能否被整除，逻辑运算判断是否满足 3 个条件。

使用判断语句嵌套时，注意 else 关键字和 if 关键字要成对出现，并且遵守临近原则，即 else 关键字和与自己最近的 if 关键字构成一对。另外，判断语句应尽量使用复合语句，以免产生二义性，因为书写格式而导致运行结果和设计时的结果不一致。

拓展训练

（1）输入一个浮点数，如果是正数，则向下取整；如果是负数，则向上取整。比如输入的是4.5，则输出4；输入的是-4.5，则输出-4。（资源包\Code\Try\031）

（2）判断输入的数字是否是 1024、9524和 65536的公约数。（资源包\Code\Try\032）

4.6 小结

本章主要讲解了 C++语言中各种形式的分支语句，每种形式的分支语句都可以用另一种形式代替，这提高了程序开发的灵活性。如果是简单的判断，则建议使用条件运算符；如果是分支较多的逻辑判断，则建议使用 switch 语句。还要特别注意判断语句的书写格式，避免产生二义性。

本章 e 学码：关键知识点拓展阅读

e 学码

表达式　　　　　　　　　　嵌套

汇编语言　　　　　　　　　　指令

第5章
循环语句

（ 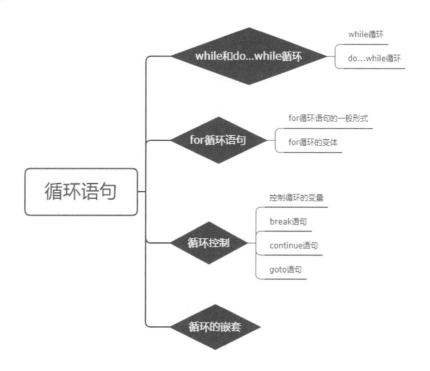 视频讲解：1 小时 25 分钟）

本章概览

　　循环控制就是控制程序的重复执行，当不符合循环条件时停止循环。使用循环结构可以使程序代码更加简洁，减少冗余。掌握循环结构是程序设计的最基本要求。本章主要介绍 while 循环、do...while 循环和 for 循环，这 3 种循环语句可以相互转换。对于同一个目标，使用这 3 种循环都可以实现。

知识框架

5.1 while 和 do...while 循环

视频讲解：资源包\Video\05\5.1while和do...while循环.mp4

5.1.1 while 循环

学校举办运动会，其中一个项目是 800 米跑，如果学校操场一圈是 200 米，如图 5.1 所示，那么就需要循环跑 4 圈。这 4 圈就是一个条件，当满足 4 圈的条件时，就不再继续跑了。

在 C++ 中，实现这样的循环可以使用 while 语句，其语法形式如下：

图 5.1 学校操场示意图

```
while(表达式) 语句
```

表达式一般是一个关系表达式或一个逻辑表达式，表达式的值应该是一个逻辑值，即真或假（true 或 false）。当表达式的值为真时，开始循环执行语句；当表达式的值为假时，退出循环，执行循环外的下一条语句。循环每次都是执行完语句后回到表达式处重新开始判断，重新计算表达式的值，一旦表达式的值为假就退出循环；如果表达式的值为真，则继续执行语句。使用流程图来演示 while 循环的执行过程，如图 5.2 所示。

语句可以是复合语句，也就是使用花括号将多条简单语句括起来。花括号及其所包括的语句被称为"循环体"。循环主要是指循环执行循环体的内容。

实例 01　使用 while 循环计算 1 到 10 的累加结果	实例位置：资源包\Code\SL\05\01

1 到 10 的累加就是计算 1+2+⋯+10，需要有一个变量从 1 变化到 10，将该变量命名为 i。还需要一个临时变量不断地和变量 i 进行加法运算，并记录运算结果，将临时变量命名为 sum。变量 i 每增加 1 时，就和变量 sum 进行一次加法运算，变量 sum 记录的是累加的结果。程序需要使用循环语句，如果使用 while 循环，则需要将循环语句的结束条件设置为 i<=10。while 循环流程如图 5.3 所示。

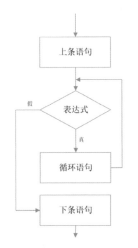

图 5.2 while 循环的执行过程

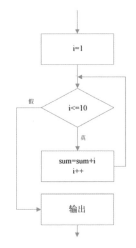

图 5.3 使用 while 循环计算 1 到 10 的累加结果的流程

程序代码如下：

```
01 #include <iostream>
02 using namespace std;
```

```
03  int main()
04  {
05      int sum=0,i=1;
06      while(i<=10)
07      {
08          sum=sum+i;
09          i++;
10      }
11      cout << "the result :" << sum << endl;
12  }
```

程序运行结果如图 5.4 所示。

程序先对变量 sum 和 i 进行初始化，while 循环语句的表示式是 i<=10，所要执行的循环体是一条复合语句，是由 sum=sum+i; 和 i++; 两条简单语句组成的，其中 sum=sum+i; 语句完成累加，i++; 语句完成从 1 到 10 的递增变化。

图 5.4　程序运行结果

使用 while 循环的注意事项如下：

（1）表达式不可以为空，表达式为空不合法。

（2）表达式可以用非 0 代表逻辑值真（true），用 0 代表逻辑值假（false）。

（3）循环体中必须有改变条件表达式值的语句，否则将成为死循环。

例如，下面是一条无限循环语句：

```
while(1)
{
    ...
}
```

下面是一条不会进行循环的语句：

```
while(0)
{
    ...
}
```

（1）猜数字游戏：假设目标数字为147，使用while循环实现控制台的多次输入，系统提示输入的数字是偏大还是偏小，猜对终止程序。（资源包\Code\Try\033）

（2）生物实验室做单细胞细菌繁殖实验，每一代细菌数量都会呈倍数增长，一代菌落中只有一个细菌，二代菌落中分裂成两个细菌，三代菌落中分裂成4个细菌，以此类推，请问第十二代菌落中的细菌数量。（资源包\Code\Try\034）

5.1.2 do...while 循环

do...while 循环语句的一般形式如下：

```
do
{
    语句
} while(表达式);
```

do 为关键字，必须与 while 配对使用。do 与 while 之间的语句被称为"循环体"，该语句同样是用花括号"{}"括起来的复合语句。do...while 循环语句中的表达式与 while 循环语句中的相同，也多为关系表达式或逻辑表达式。但需要特别注意的是，do...while 循环语句后要有分号";"。使用流程图来演示 do...while 循环的执行过程，如图 5.5 所示。

do...while 循环的执行顺序是先执行循环体的内容，再判断表达式的值。如果表达式的值为真，则跳到循环体处继续执行循环体，一直循环到表达式的值为假；如果表达式的值为假，则跳出循环，执行下一条语句。

实例 02　使用 do...while 循环计算 1 到 10 的累加结果　　实例位置：资源包\Code\SL\05\02

1 到 10 的累加就是计算 1+2+…+10，前面的例子使用 while 循环实现了 1 到 10 的累加，本例使用 do...while 循环实现。使用 do...while 循环实现累加的循环体语句和 while 循环的相同，只是执行循环体的先后顺序不同。do...while 循环的执行顺序如图 5.6 所示。

图 5.5　do...while 循环的执行过程

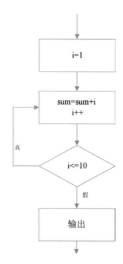

图 5.6　使用 do...while 循环计算 1 到 10 的累加结果的执行顺序

程序代码如下：

```
01  #include <iostream>
02  using namespace std;
03  int main()
04  {
05      int sum=0,i=1;
06      do
07      {
08          sum=sum+i;
09          i++;
10      }while(i<=10);
11      cout << "the result :" << sum << endl;
12  }
```

说明

该例的程序运行结果与"实例01"的程序运行结果一样。

　　程序使用变量 sum 记录累加的结果，使用变量 i 完成从 1 到 10 的变化。程序先将变量 sum 初始化为 0，将变量 i 初始化为 1，再执行循环体中变量 sum 和变量 i 的加法运算，并将运算结果保存到变量 sum 中，然后变量 i 进行自加运算。接下来判断循环条件，看变量 i 的值是否已经大于 10——如果变量 i 的值大于 10，则跳出循环；否则，继续执行循环体语句。

　　使用 do...while 循环的注意事项如下：

　　（1）程序先执行循环体，如果循环条件不成立，则跳出循环，但循环体已经执行一次了，使用时要注意变量的变化。

　　（2）表达式不可以为空，表达式为空不合法。

　　（3）表达式可以用非 0 代表逻辑值真（true），用 0 代表逻辑值假（false）。

　　（4）循环体中必须有改变条件表达式值的语句，否则将成为死循环。

　　（5）注意循环语句后要有分号";"。

拓展训练

　　（1）自动售卖机有3种饮料，价格分别为3元、5元、7元。自动售卖机仅支持1元硬币支付，请编写该售卖机的自动收费系统（switch语句嵌套do...while循环语句）。（资源包\Code\Try\035）

　　（2）模拟用户登录，如果用户输入的密码错误，则要求用户反复输入，直到输入正确的密码。（资源包\Code\Try\036）

5.2 for 循环语句

视频讲解

▶ 视频讲解：资源包\Video\05\5.2for循环语句.mp4

　　for 循环是 C++ 中最常用、最灵活的一种循环结构，for 循环既能够用于循环次数已知的情况，又能够用于循环次数未知的情况。本节将对 for 循环的使用进行详细讲解。

5.2.1 for 循环语句的一般形式

　　for 循环语句的一般形式如下：

```
for(表达式1;表达式2;表达式3) 语句
```

　　☑ 表达式 1：该表达式通常是一个赋值表达式，负责设置循环的起始值，也就是为控制循环的变量赋初值。

　　☑ 表达式 2：该表达式通常是一个关系表达式，使用控制循环的变量和循环变量所允许的范围值进行比较。

　　☑ 表达式 3：该表达式通常是一个赋值表达式，对控制循环的变量进行增大或减小。

　　☑ 语句：该语句仍然是复合语句。

　　for 循环的执行过程如下：

　　（1）求解"表达式 1"。

（2）求解"表达式 2"，若"表达式 2"的值为真，则执行 for 语句中指定的内嵌语句，然后执行步骤（3）。若"表达式 2"的值为假，则结束循环，转到步骤（5）。

（3）求解"表达式 3"。

（4）返回步骤（2）继续执行。

（5）循环结束，执行 for 语句下面的一条语句。

上面的 5 个步骤也可以用图 5.7 来表示。

实例 03 使用 for 循环计算 1 到 10 的累加结果 ┃ 实例位置：资源包\Code\SL\05\02

for 循环不同于 while 循环和 do...while 循环，它有 3 个表达式，需要正确设置这 3 个表达式。计算累加结果需要一个能从 1 到 10 递增变化的变量 i 和一个记录累加结果的变量 sum，在 for 循环的表达式中可以对变量进行初始化，以及实现变量从 1 到 10 的递增变化。for 循环的执行顺序如图 5.8 所示。

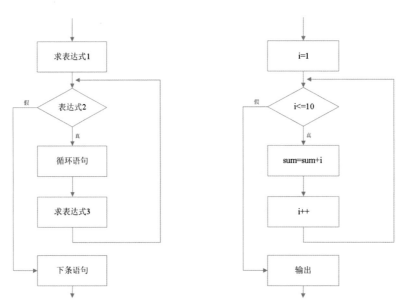

图 5.7 for 循环的执行过程　图 5.8 使用 for 循环计算 1 到 10 的累加结果的执行顺序

程序代码如下：

```
01 #include <iostream>
02 using namespace std;
03 int main()
04 {
05     int sum=0;
06     int i;
07     for(i=1;i<=10;i++)    // for循环语句
08         sum+=i;
09     cout << "the result :" << sum << endl;
10 }
```

说明

该例的程序运行结果与"实例01"的程序运行结果一样。

程序中的 for(i=1;i<=10;i++) sum+=i; 就是一条循环语句，其中 sum+=i 是循环体语句，i 是控制循环的变量，i=1 是"表达式 1"，i<=10 是"表达式 2"，i++ 是"表达式 3"，sum+=i; 是语句；"表达式 1"对控制循环的变量 i 赋初值 1，"表达式 2"中的 10 是循环变量所允许的范围值，即 i 不能大于 10，否则将不执行 sum+=i; 语句。sum+=i; 语句是带运算的赋值语句，它等同于 sum=sum+i; 语句。sum+=i; 语句一共执行了 10 次，i 的值从 1 变化到 10。

使用 for 循环的注意事项如下。

（1）for 语句可以在"表达式 1"中直接声明变量。例如：

在表达式外声明变量。

```
01 #include <iostream>
02 using namespace std;
03 int main()
04 {
05     int sum=0,i;                // 在表达式外声明变量
06     for(i=0;i<=10;i++)
07         sum+=i;
08     cout <<sum << endl;
09 }
```

在表达式内声明变量。

```
01 #include <iostream>
02 using namespace std;
03 int main()
04 {
05     for(int i=0,sum=0;i<=10;i++)     // 在表达式内声明变量
06         sum+=i;
07     cout <<sum << endl;
08 }
```

（2）在表达式内声明变量，相当于在函数内声明变量。如果在"表达式 1"中声明两个相同的变量，编译器将报错。例如：

```
01 int main()
02 {
03     for(int i=0,sum=0;i<=10;i++)     // 在表达式内声明变量
04         sum+=i;
05     for(int i=0,sum=0;i<=10;i++)     // 不合法，编译器报错
06         sum+=i;
07     cout <<sum << endl;
08 }
```

5.2.2 for 循环的变体

for 循环在具体使用时，有很多种变体形式。例如，可以省略"表达式 1"、省略"表达式 2"、省略"表达式 3"或者 3 个表达式都省略。下面分别对 for 循环的常用变体形式进行讲解。

1．省略"表达式 1"的情况

如果省略了"表达式 1"，并且控制循环的变量在循环外声明了并赋初值，则程序能编译通过且运

行正确。例如：

```
01  #include <iostream>
02  using namespace std;
03  int main()
04  {
05      int sum=0;
06      int i=0;                      // 将控制循环的变量放到循环外声明并赋初值
07      for(;i<=10;i++)
08          sum+=i;
09      cout <<sum << endl;
10  }
```

程序仍然是计算 1 到 10 的累加结果。

如果控制循环的变量在循环外声明了但没有赋初值，则程序虽然能编译通过，但运行结果不是所期望的。因为编译器会为变量赋一个默认的初值，该初值一般是一个比较大的负数，所以会造成运行结果不正确。

2. 省略"表达式 2"的情况

省略了"表达式 2"，也就是省略了循环判断语句，没有循环的终止条件，for 循环变成无限循环。

3. 省略"表达式 3"的情况

省略"表达式 3"后，for 循环也变成无限循环，因为控制循环的变量永远是初值，永远符合循环条件。

4. 省略"表达式 1"和"表达式 3"的情况

如果省略了"表达式 1"和"表达式 3"，那么 for 循环就和 while 循环一样了。例如：

```
01  #include <iostream>
02  using namespace std;
03  int main()
04  {
05      int sum=0;
06      int i=0;
07      for(;i<=10;)
08      {
09          sum=sum+i;
10          i++;
11      }
12      cout << "the result :" << sum << endl;
13  }
```

5. 3 个表达式都省略的情况

如果 3 个表达式都省略了，那么 for 循环就变成了无限循环。无限循环就是死循环，它会使程序陷入瘫痪状态。在使用 for 循环时，建议使用计数控制循环。也就是说，循环执行到指定的次数，就跳出循环。例如：

```
01  int main()
02  {
03      int iCount=0;                 // 声明用于计数的变量
```

```
04      for(;;)
05      {
06          ...
07          iCount++;                  // 每循环一次，计数器就加1
08          if(iCount>200000)          // 如果循环次数大于200000，则跳出循环
09              return;
10      }
11      cout << "the loop end" << endl;
12  }
```

拓展训练

（1）使用for循环，判断某个输入的数是否是素数。（**资源包\Code\Try\037**）
（2）一个球从80米的高度自由落下，每次落地后反弹的高度都为原高度的一半，那么第6次落地时共经过多少米？第6次反弹多高？（**资源包\Code\Try\038**）

5.3 循环控制

视频讲解

📹 视频讲解：**资源包\Video\05\5.3循环控制.mp4**
　　循环控制包含两方面的内容，其中一方面是控制循环变量的变化方式，另一方面是控制循环的跳转。控制循环的跳转需要用到 break 和 continue 两个关键字，这两条跳转语句的跳转效果不同，其中 break 语句是中断循环，continue 语句是跳出本次循环体的执行。

5.3.1 控制循环的变量

　　无论是 for 循环还是 while 循环、do...while 循环，都需要一个控制循环的变量，其中 while 循环、do...while 循环的控制循环变量的变化可以是显式的，也可以是隐式的。例如，在读取文件时，在 while 循环中循环读取文件内容，但程序中没有出现控制循环的变量。程序代码如下：

```cpp
01  #include <iostream>
02  #include <fstream>
03  using namespace std;
04  int main()
05  {
06      ifstream ifile("test.dat",std::ios::binary);
07      if(!ifile.fail())
08      {
09          while(!ifile.eof())        // 判断文件是否结束
10          {
11              char ch;
12              ifile.get(ch);         // 获取文件内容
13              if(!ifile.eof())       // 如果文件结束，则不进行最后的输出
14                  std::cout << ch;
15          }
16      }
17  }
```

在上面的程序中，while 循环中的表达式是判断文件指针是否指向文件末尾，如果文件指针指向文件末尾，则跳出循环。程序中控制循环的变量是文件指针，在读取文件时文件指针不断变化。

for 循环的控制循环变量的变化方式有两种，其中一种是递增方式，另一种是递减方式。是使用递增方式还是使用递减方式，与变量的初值和限定的范围值的比较结果有关。

☑ 如果初值大于限定的范围值，"表达式 2"是大于关系（>）判定的不等式，则使用递减方式。

☑ 如果初值小于限定的范围值，"表达式 2"是小于关系（<）判定的不等式，则使用递增方式。

前面使用 for 循环计算 1 到 10 的累加结果使用的是递增方式，当然也可以使用递减方式计算 1 到 10 的累加结果。程序代码如下：

```
01 #include <iostream>
02 using namespace std;
03 int main()
04 {
05     int sum=0;          // 定义存储累加结果的变量
06     for(int i=10;i>=1;i--)
07         sum+=i;          // 进行累加
08     cout << "the result :"<<sum << endl;
09 }
```

在上面的程序中，在 for 循环的"表达式 1"中声明了变量并赋初值 10，在"表达式 2"中限定范围值为 1，不等式是控制循环的变量 i 是否大于或等于 1，如果其小于 1 就停止循环，控制循环的变量从 10 到 1 递减变化。程序输出结果仍然是"the result :55"。

5.3.2 break 语句

使用 break 语句可以跳出 switch 结构。在循环结构中，同样可以使用 break 语句跳出当前循环体，从而中断当前循环。

在 3 种循环中，使用 break 语句的形式如图 5.9 所示。

```
while(...)      do              for
{               {               {
   ...             ...             ...
   break;          break;          break;
   ...             ...             ...
}               }while(...);    }
```

图 5.9 break 语句的使用形式

实例 04 使用 break 语句跳出循环　　　　　　实例位置：资源包\Code\SL\05\04

```
01 #include <iostream>
02 using namespace std;
03 int main()
04 {
05     int i,n,sum;
06     sum=0;
07     cout<< "input 10 number" << endl;
08     for(i=1;i<=10;i++)
09     {
10         cout<< i<< ":";
11             cin >> n;
```

```
12        if(n<0)      // 判断输入的数是否为负数
13            break;
14        sum+=n;      // 对输入的数进行累加
15    }
16    cout << "The Result :" << sum << endl;
17 }
```

程序中需要用户输入 10 个数，然后计算 10 个数的和。当输入的数为负数时，就停止循环不再进行累加，输出前面累加的结果。例如，输入 4 次数字"1"，最后输入数字"-1"，程序运行结果如图5.10 所示。

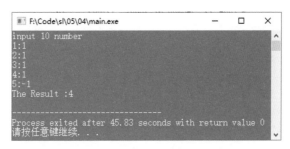

图 5.10 使用 break 语句跳出循环

如果遇到循环嵌套的情况，那么break语句只会使程序流程跳出包含它的最内层的循环结构，只跳出一层循环。

（1）编写一个程序，接收用户的输入，然后输出。例如：
输入：Hello
输出：Hello
输入：mingrisoft.com
输出：mingrisoft.com
当用户输入"exit"时，程序退出。（资源包\Code\Try\039）
（2）有一口井深10米，一只蜗牛从井底向井口爬，白天向上爬2米，晚上向下滑1米，问蜗牛多少天可以爬到井口？（资源包\Code\Try\040）

5.3.3 continue 语句

continue 语句是对 break 语句的补充。continue 语句不是立即跳出循环体，而是跳过本次循环结束前的语句，回到循环的条件测试部分，重新开始执行循环。在 for 循环语句中遇到 continue 后，首先执行循环的增量部分，然后进行条件测试。在 while 循环和 do...while 循环中，continue 语句使控制直接回到条件测试部分。

在 3 种循环中，使用 continue 语句的形式如图 5.11 所示。

```
while(...)      do              for
{               {               {
    ...             ...             ...
    continue;       continue;       continue;
    ...             ...             ...
}               }while(...);     }
```

图 5.11 continue 语句的使用形式

实例 05　使用 continue 语句跳出循环　　　　　实例位置：资源包\Code\SL\05\05

```cpp
01 #include <iostream>
02 using namespace std;
03 int main()
04 {
05     int i,n,sum;
06     sum=0;
07     cout<< "input 10 number" << endl;
08     for(i=1;i<=10;i++)
09     {
10         cout<< i<< ":" << ";
11             cin >> n;
12         if(n<0)      // 判断输入的数是否为负数
13             continue;
14         sum+=n;      // 对输入的数进行累加
15     }
16     cout << "The Result :"<< sum << endl;
17 }
```

程序中需要用户输入 10 个数，然后计算 10 个数的和。当输入的数为负数时，不执行 sum+=n; 语句，也就是不对负数进行累加。例如，输入的 10 个数全为 1，输出结果为 10。

（1）某公司新建4*4个办公卡位，现只有第1排第3个卡位和第3排第2个卡位被使用，在控制台输出尚未使用的新卡位。（资源包\Code\Try\041）

拓展训练　（2）某剧院发售演出门票，演播厅观众席有4行，每行有10个座位。为了不影响观众观看，在发售门票时，屏蔽掉最左一列和最右一列的座位。（资源包\Code\Try\042）

5.3.4　goto 语句

goto 语句又被称为"无条件跳转语句"，用于改变语句的执行顺序。goto 语句的一般形式如下：

```
goto 标号;
```

其中，标号是用户自定义的一个标识符，以冒号结束。下面使用 goto 语句实现 1 到 100 累加求和。

实例 06　使用 goto 语句实现循环　　　　　实例位置：资源包\Code\SL\05\06

```cpp
01 #include <iostream>
02 using namespace std;
03 int main()
04 {
05     int ivar = 0 ;         // 定义一个整型变量，初始化为0
06     int num = 0;           // 定义一个整型变量，初始化为0
07 label:                     // 定义一个标签
```

```
08      ivar++;                    // ivar自加1
09      num += ivar;               // 累加求和
10      if (ivar <10)              // 判断ivar是否小于10
11      {
12          goto label;            // 跳转到标签处
13      }
14      cout << num << endl;
15 }
```

程序中利用标签实现循环功能。当程序执行到"if (ivar <10)"时，如果条件为真，则跳转到标签定义 label: 处。这是一种古老的跳转语句，它会使程序的执行顺序变得混乱，CPU需要不停地进行跳转，效率比较低。因此，在开发程序时慎用 goto 语句。

拓展训练

（1）某商场员工正在库房整理衣服，此时进来一位顾客，这个员工放下手中的工作，去招呼顾客。请模拟此场景。（资源包\Code\Try\043）

（2）使用goto语句和while语句实现3分钟倒计时的计算过程，效果如2:59、2:58、…。（资源包\Code\Try\044）

使用 goto 语句的注意事项如下：

（1）在使用 goto 语句时，应注意标签的定义。在定义标签时，其后不能紧接着出现"}"符号。例如，下面的代码是非法的。

```
int ivar = 0 ;               // 定义一个整型变量，初始化为0
int num = 0;                 // 定义一个整型变量，初始化为0
{
…                           // 其他操作
label:                      // 定义一个标签
}
```

在上面的代码中定义标签时，其后没有执行代码，所以出现编译错误。如果程序中出现上述情况，则可以在标签后添加一条语句，以避免编译错误。

（2）在使用 goto 语句时，还应注意 goto 语句不能越过复合语句之外的变量定义的语句。例如，下面的 goto 语句是非法的。

```
goto label;                  // 跳转到标签处
int i = 10;                  // 声明一个变量，初始化为10
label:                       // 定义一个标签
    cout<<"goto" << endl;    // 输出信息
```

在上面的代码中，goto 语句试图越过变量 i 的定义，导致编译错误。解决上述问题的方法是将变量的声明放在复合语句中。例如，下面的代码是合法的。

```
goto label;                  // 跳转到标签处
{
    int i = 10;              // 声明一个变量，初始化为10
}
label:                       // 定义一个标签
    cout<<"goto"<< endl;     // 输出信息
```

5.4 循环的嵌套

视频讲解

📹 视频讲解：资源包\Video\05\5.4循环的嵌套.mp4

循环有 while、do...while 和 for 这 3 种方式，这 3 种循环可以相互嵌套。例如，在 for 循环中套用 for 循环。

```
for(...)
{
    for(...)
    {
        ...
    }
}
```

在 while 循环中套用 while 循环。

```
while(...)
{
    while(...)
    {
        ...
    }
}
```

在 while 循环中套用 for 循环。

```
while(...)
{
    for(...)
    {
        ...
    }
}
```

实例 07 打印三角形　　　　　　　　　　　　　　实例位置：资源包\Code\SL\05\07

使用嵌套的 for 循环来输出由 "*" 字符组成的三角形。

```
01 #include <iostream>
02 using namespace std;
03 int main()
04 {
05     int i, j, k;
06     for (i = 1; i <= 5; i++)              // 控制行数
07     {
08         for (j = 1; j <= 5-i; j++)        // 控制空格数
09             cout << " ";
10         for (k = 1; k <= 2 *i - 1; k++)   // 控制打印"*"字符的个数
11             cout << "*";
12         cout << endl;
13     }
14 }
```

程序一共输出 5 行字符，最外面的 for 循环控制输出的行数，嵌套的第一个 for 循环控制 "*" 字符前面的空格数，第二个 for 循环控制打印 "*" 字符的个数。嵌套的第一个 for 循环，随着行数的增加，"*" 字符前面的空格数越来越少；嵌套的第二个 for 循环，输出与行号有关的奇数个 "*" 字符。程序运行结果如图 5.12 所示。

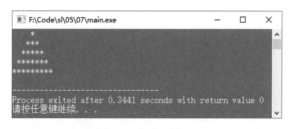

图 5.12 打印三角形

拓展训练

（1）打印如下所示的菱形。（资源包\Code\Try\045）

```
    *
   ***
  *****
 *******
  *****
   ***
    *
```

（2）打印如下所示的图形。（资源包\Code\Try\046）

```
**********
*        *
**********
```

5.5 小结

本章主要介绍了 for、while 和 do...while 这 3 种循环，在这 3 种循环中使用比较灵活的是 for 循环，使用比较简单的是 while 循环。同样的一个目标，使用 3 种循环都可以实现，而最终选择哪种循环来实现要根据开发人员对需求的理解，但一般建议使用 for 循环。

本章 e 学码：关键知识点拓展阅读

标签　　　　　　　循环体
冗余　　　　　　　循环条件
循环变量

第 6 章
函数

（ ▶ 视频讲解：3 小时 23 分钟）

本章概览

　　程序是由函数组成的，一个函数就是程序中的一个模块。函数可以相互调用，我们可以将相互联系密切的语句放到一个函数内，也可以将复杂的函数分解成多个子函数。函数本身也有很多特点，熟练掌握函数的特点可以将程序的结构设计得更合理。

知识框架

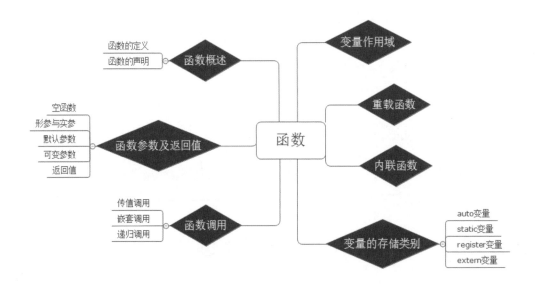

6.1 函数概述

▶ 视频讲解：资源包\Video\06\6.1函数概述.mp4

视 频 讲 解

函数就是可以完成某个工作的代码块，它就像小朋友搭房子用的积木一样，可以反复使用。在使用函数的时候，拿来即用，而不用考虑它的内部组成。函数根据功能可以分为字符函数、日期函数、数学函数、图形函数、内存函数等。一个程序可以只有一个主函数，但不可以没有函数。

6.1.1 函数的定义

函数定义的一般形式如下：

```
类型标识符  函数名(形式参数列表)
{
    变量的声明;
    语句;
}
```

- ☑ 类型标识符：用来标识函数的返回值类型，可以根据函数的返回值判断函数的执行情况，通过返回值也可以获取想要的数据。类型标识符可以是整型、字符类型、指针类型、对象的数据类型。
- ☑ 形式参数列表：由各种类型变量组成的列表，各参数之间用逗号分隔，在进行函数调用时，主调函数对变量进行赋值。

关于函数定义的一些说明如下。

（1）形式参数列表可以为空，这样就定义了不需要参数的函数。例如：

```
int ShowMessage()
{
    int i=0;
    cout << i << endl;
    return 0;
}
```

ShowMessage 函数通过 cout 流输出变量 i 的值。

（2）函数后面的花括号表示函数体，在函数体内声明变量和添加实现语句。

6.1.2 函数的声明

在调用函数前必须先声明函数的返回值类型和参数类型。例如：

```
int SetIndex(int i);
```

函数声明被称为"函数原型"。在声明函数时可以省略变量名。例如：

```
int SetIndex(int );
```

下面通过实例来介绍如何在程序中声明、定义和使用函数。

实例 01 **声明、定义和使用函数**　　　　　　　　　　实例位置：资源包\Code\SL\06\01

```
01  #include <iostream>
02  using namespace std;
03  void ShowMessage();     // 函数声明语句
04  void ShowAge();         // 函数声明语句
```

```
05  void ShowIndex();          // 函数声明语句
06  int main()
07  {
08      ShowMessage();         // 函数调用语句
09      ShowAge();             // 函数调用语句
10      ShowIndex();           // 函数调用语句
11  }
12  void ShowMessage()
13  {
14      cout << "HelloWorld!" << endl;
15  }
16  void ShowAge()
17  {
18      int iAge=23;
19      cout << "age is :" << iAge << endl;
20  }
21  void ShowIndex()
22  {
23      int iIndex=10;
24      cout << "Index is :" << iIndex << endl;
25  }
```

程序运行结果如图 6.1 所示。

图 6.1 程序运行结果

程序中定义和声明了 ShowMessage、ShowAge、ShowIndex 函数，并进行了调用，通过函数中的输出语句进行输出。

（1）编写3个函数：做饭、钓鱼、写诗。（资源包\Code\Try\047）
（2）编写函数fun：实现两值交换功能。（资源包\Code\Try\048）

6.2 函数参数及返回值

视频讲解：资源包\Video\06\6.2函数参数及返回值.mp4

6.2.1 空函数

没有参数和返回值，函数的作用域为空的函数就是空函数。例如：

```
void setWorkSpace(){ }
```

在调用此函数时，什么工作也不做，没有任何实际意义。在主函数 main 中调用 setWorkSpace 函数时，这个函数没有起到任何作用。例如：

```
void setWorkSpace(){ }
int main()
{
    setWorkSpace();
}
```

空函数存在的意义是：在程序设计中往往根据需要确定若干模块，分别由一些函数来实现。而在第一阶段只设计最基本的模块，其他一些次要功能或锦上添花的功能则在以后需要时陆续补上。在编写程序的开始阶段，可以在将来准备扩充功能的地方写上一个空函数，这个函数没有开发完成，只是用来占一个位置，以后用一个编写好的函数代替它。这样做，程序的结构清晰、可读性好，以后扩充新功能时方便，对程序结构的影响也不大。

6.2.2　形参与实参

在定义函数时，如果参数列表为空，则说明该函数是无参函数；如果参数列表不为空，则该函数为带参数函数。在声明和定义函数时，带参数函数中的参数被称为"形式参数"，简称"形参"。在函数被调用时，这些参数被赋予具体的值，这些具体的值被称为"实际参数"，简称"实参"。形参与实参如图 6.2 所示。

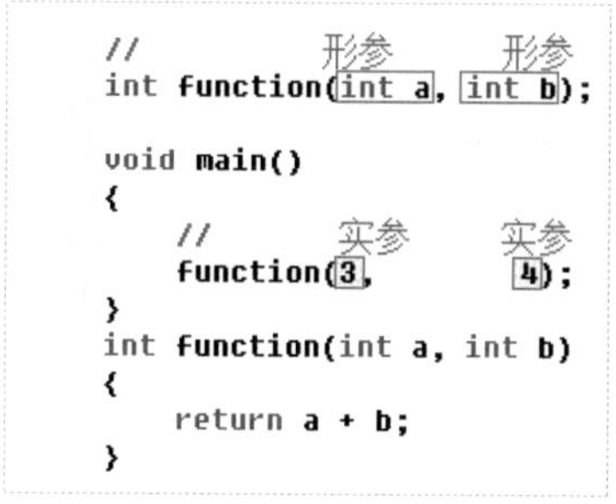

图 6.2　形参与实参

实参与形参的个数应相等，类型应一致。实参与形参按顺序对应，在函数被调用时会一一传递数据。

形参与实参的区别如下：

（1）在定义函数时指定的形参，在未发生函数调用时，它们并不占用内存中的存储单元。只有在发生函数调用时，函数的形参才被分配内存单元；在函数调用结束后，形参所占用的内存单元会被释放。

（2）实参应该是确定的值。在调用函数时将实参的值赋给形参，如果形参是指针类型，则将地址值传递给形参。

（3）实参与形参的类型应相同。

（4）实参与形参之间是单向传递，只能由实参传递给形参，而不能由形参传回来给实参。

实参与形参之间存在一个分配空间和参数值传递的过程，这个过程是在函数调用时发生的。C++支持引用变量，引用变量则没有值传递的过程，这个内容将在后面的章节中讲到。

6.2.3　默认参数

在调用带参数函数时，如果经常需要将同一个值传递给调用的函数，那么在定义函数时，就可以为参数设置一个默认值，这样在调用函数时可以省略一些参数，此时程序将采用默认值作为函数的实参。下面的代码定义了一个带默认参数的函数。

```cpp
void OutputInfo(const char* pchData = "One world,one dream!")
{
    cout << pchData << endl;        // 输出信息
}
```

实例 02　调用带默认参数的函数　　　　　　　　　**实例位置：资源包\Code\SL\06\02**

该实例输出两行字符串，其中一行是函数的默认参数，另一行是传递的字符串实参。程序代码如下：

```cpp
01 #include <iostream>
02 using namespace std;
03 void OutputInfo(const char* pchData = "One world,one dream!")
04 {
05     cout << pchData << endl;                    // 输出信息
06 }
07 int main()
08 {
09     OutputInfo();                               // 采用默认值作为函数的实参
10     OutputInfo("Beijing 2008 Olympic Games!");  // 直接传递实参
11 }
```

程序运行结果如图 6.3 所示。

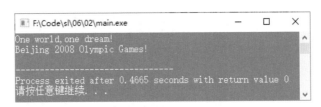

图 6.3　调用带默认参数的函数

拓展训练

（1）设计一个函数，当传递的参数为false时，函数输出"关灯"；当不传递参数或传递的参数为true时，函数输出"开灯"。（**资源包\Code\Try\049**）

（2）设计一个函数，该函数接收一个字符串参数，当传递参数时，输出该参数的值；当不传递参数时，输出"什么也不说祖国知道我！"。（**资源包\Code\Try\050**）

在定义函数的默认参数时，如果函数具有多个参数，则应保证默认参数出现在参数列表的右边，非默认参数出现在参数列表的左边，即默认参数不能出现在非默认参数的左边。

6.2.4　可变参数

库函数printf就是一个可变参数函数，它的参数列表中会显示省略号"..."。printf函数原型格式如下：

```cpp
_CRTIMP int_cdecl printf(const char *, ...);
```

省略号参数代表的含义是函数的参数是不固定的，可以传递一个或多个参数。对于 printf 函数来说，可以输出一项信息，也可以同时输出多项信息。例如：

```
printf("%d\n",2008);                                    // 输出一项信息
printf("%s-%s-%s\n","Beijing","2008","Olympic Games");  // 输出多项信息
```

　　声明可变参数函数和声明普通函数一样，只是其参数列表中有一个省略号 "..."。例如：

```
void OutputInfo(int num,...)                            // 声明省略号参数函数
```

　　对于可变参数函数，在定义函数时需要一一读取用户传递的实参。我们可以使用 va_list 类型和 va_start、va_arg、va_end 三个宏读取传递到函数中的参数值。使用可变参数函数需要引用 STDARG.H 头文件。下面用一个具体的实例介绍可变参数函数的定义及使用。

实例 03　定义可变参数函数　　　　　　　　　　　　实例位置：资源包\Code\SL\06\03

```
01  #include <iostream>
02  #include <STDARG.H>                                  // 需要包含该头文件
03  using namespace std;
04  void OutputInfo(int num,...)                         // 定义一个带省略号参数的函数
05  {
06      va_list arguments;                              // 定义va_list类型变量
07      va_start(arguments,num);
08      while(num--)                                    // 读取所有参数的数据
09      {
10          char* pchData = va_arg(arguments,char*);    // 获取字符串数据
11          int iData = va_arg(arguments,int);          // 获取整型数据
12          cout<< pchData << endl;                     // 输出字符串
13          cout << iData << endl;                      // 输出整数
14      }
15      va_end(arguments);
16  }
17  int main()
18  {
19      OutputInfo(2,"Beijing",2008,"Olympic Games",2008); // 调用OutputInfo函数
20  }
```

程序运行结果如图 6.4 所示。

图 6.4　定义可变参数函数

（1）编写电梯测重函数，该函数使用可变参数，传入电梯中所有乘客的体重值。如果电梯中的重量超过1000kg，则返回0；否则，返回1。（**资源包\Code\Try\051**）

（2）定义函数average(int num, ...)，该函数可以计算不定数量整数的平均值。（**资源包\Code\Try\052**）

拓展训练

6.2.5 返回值

函数的返回值是指函数被调用之后，执行函数体中的程序段所取得的并返回给主调函数的值。函数的返回值通过 return 语句返回给主调函数。

return 语句的一般形式如下：

```
return (表达式);
```

return 语句将表达式的值返回给主调函数。

关于返回值的说明如下：

（1）函数返回值的类型和函数定义中函数的类型标识符应保持一致。如果两者不一致，则以函数类型为准，自动进行类型转换。

（2）如果函数值为整型，那么在定义函数时可以省略类型标识符。

（3）在函数中允许有多条 return 语句，但每次调用时只能有一条 return 语句被执行，因此只能返回一个函数值。

（4）不返回函数值的函数，可以被明确定义为"空类型"，类型标识符为"void"。例如：

```
void ShowIndex()
{
    int iIndex=10;
    cout << "Index is :" << iIndex << endl;
}
```

（5）类型标识符为 void 的函数不能进行赋值运算及值传递。例如：

```
i= ShowIndex();         // 不能进行赋值
SetIndex(ShowIndex);    // 不能进行值传递
```

为了降低程序出错的概率，凡不要求返回值的函数都应被定义为"空类型"。

说明

6.3 函数调用

视频讲解

📹 视频讲解：**资源包\Video\06\6.3函数调用.mp4**

声明完函数后，就需要在源代码中调用该函数。整个函数的调用过程被称为"函数调用"。标准C++ 是一种强制类型检查的语言，在调用函数前，必须把函数的参数类型和返回值类型告知编译器。

关于函数调用的一些说明如下：

（1）被调用函数必须是已经存在的函数（库函数或用户自定义函数）。

（2）如果使用库函数，则需要引入库函数对应的头文件，这需要使用预编译指令 #include。

（3）如果使用用户自定义函数，则一般应该在调用该函数之前对被调用函数进行声明。

6.3.1　传值调用

主调函数和被调用函数之间有数据传递关系。换句话说，主调函数将实参的值赋给被调用函数的形参，这种调用方式被称为"传值调用"。如果传递的实参是结构体对象，那么值传递方式效率低下，这时可以通过传指针或使用变量引用来替换传值调用。传值调用是函数调用的基本方式。

实例 04　使用传值调用	实例位置：资源包\Code\SL\06\04

```
01  #include <iostream.h>
02  void swap(int a,int b)
03  {
04      int tmp;
05      tmp=a;
06      a=b;
07      b=tmp;
08  }
09  int main()
10  {
11      int x,y;
12      cout << "输入两个数" << endl;
13      cin >> x;
14      cin >> y;
15      if(x<y)
16          swap(x,y);
17      cout << "x=" << x <<endl;
18      cout << "y=" << y <<endl;
19  }
```

程序运行结果如图 6.5 所示。

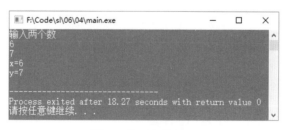

图 6.5　使用传值调用

程序的本意是实现当 x 小于 y 时交换 x 和 y 的值，但结果并没有实现，主要原因是在调用 swap 函数时复制了变量 x 和 y 的值，而并非变量本身。如果将 swap 函数在调用处展开，那么就可以实现程序的本意。将程序代码修改如下：

```
01  #include <iostream>
02  using namespace std;
03  int main()
04  {
05      int x,y;
06      cout << "输入两个数" << endl;
07      cin >> x;
08      cin >> y;
09      int tmp;
10      if(x<y)
11      {
12          tmp=x;
13          x=y;
14          y=tmp;
15      }
16      cout << "x=" << x <<endl;
17      cout << "y=" << y <<endl;
18  }
```

程序运行结果如图 6.6 所示。

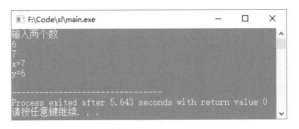

图 6.6 展开函数调用

上面的程序代码是开发人员模拟函数调用时展开 swap 函数的代码，函数调用就是由编译器来完成代码的展开工作的，但不是真的展开，而是跳转到 swap 函数处执行，执行过程类似于展开。在进行函数调用时要注意值传递过程。通过函数调用实现交换变量的值，可以通过使用指针传地址和变量引用的方式实现。这个内容在后面的章节中会讲到。

在函数调用中发生的数据传递是单向的，只能把实参的值传递给形参。在函数调用的过程中，形参的值发生改变，实参的值不会发生变化。

（1）完善以下代码，然后运行程序，并解释运行结果。（资源包\Code\Try\053）

```
void Zoomin(float val) {
    val = val * 100;
}
int main(int argc, char* argv[])
{
    float val = 1.2;
    cout << "放大前:" << val << endl;
    Zoomin(val);
    cout << "放大后:" << val << endl;
    return 0;
}
```

拓展训练

（2）定义一个函数Add(int a, int b, int c)，该函数计算前两个参数的和，并将和存储在第三个参数中。请读者确认以目前的知识，能否实现该函数，使其正确求和，为什么？（资源包\Code\Try\054）

6.3.2 嵌套调用

在自定义函数中调用其他自定义函数，这种调用方式被称为"嵌套调用"。例如：

```
01  #include <iostream>
02  using namespace std;
03  void  ShowMessage()                         /*定义函数*/
04  {
05      cout <<"The ShowMessage function" << endl;
06  }
07  void  Display()
08  {
09      ShowMessage();                          /*嵌套调用*/
10  }
11  int main()
12  {
13      Display();
14  }
```

在函数嵌套调用时要注意，不要在函数体内定义函数。例如，如下代码是错误的：

```
01  int main()
02  {
03      void  Display()                   /*错误，不能在函数体内进行函数定义*/
04      {
05          cout << "I want to show the Nesting function" << endl;
06      }
07      return 0;
08  }
```

嵌套调用对调用的层数是没有要求的，但个别的编译器可能会有一些限制，使用时应注意。

6.3.3 递归调用

直接或间接调用自己的函数被称为"递归函数（recursive function）"。

使用递归方法解决问题的优点是，问题描述清楚，代码可读性强，结构清晰，代码量比使用非递归方法时少。缺点是递归程序的运行效率比较低，无论是从时间的角度还是从空间的角度来看，递归程序都比非递归程序差。对于对时间复杂度和空间复杂度要求较高的程序，使用递归函数调用要慎重。

递归函数必须定义一个停止条件，否则函数永远递归下去。

实例 05　利用循环求 *n* 的阶乘　　　　实例位置：资源包\Code\SL\06\05

```
01 #include <iostream>
02 using namespace std;
03 typedef unsigned int UINT;            // 自定义类型
04 long Fac(const UINT n)                // 定义函数
05 {
06     long ret = 1;                     // 定义结果变量
07     for(int i=1; i<=n; i++)           // 累计乘积
08     {
09         ret *= i;
10     }
11     return ret;                       // 返回结果
12 }
13 int main()
14 {
15     int n ;
16     long f;
17     cout << "please input a number" << endl;
18     cin >> n ;
19     f=Fac(n);
20     cout << "Result :" << f << endl;
21 }
```

程序运行结果如图 6.7 所示。

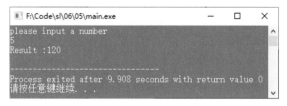

图 6.7　利用循环求 *n* 的阶乘

（1）利用循环求*m*的*n*次幂。（**资源包\Code\Try\055**）
（2）利用循环求斐波那契数。（**资源包\Code\Try\056**）

6.4 变量作用域

视频讲解

📹 视频讲解：资源包\Video\06\6.4变量作用域.mp4

　　根据变量声明的位置，可以将变量分为局部变量和全局变量。在函数体内定义的变量被称为"局部变量"，在函数体外定义的变量被称为"全局变量"。变量的作用域如图 6.8 所示。

图 6.8　变量的作用域

例如：

```
01  #include <iostream>
02  using namespace std;
03  int iTotalCount;                    // 全局变量
04  int GetCount();
05  int main()
06  {
07      int iTotalCount=100;            // 局部变量
08      cout << iTotalCount << endl;
09      cout << GetCount() << endl;
10  }
11  int GetCount()
12  {
13      iTotalCount=200;                // 给全局变量赋值
14      return iTotalCount;
15  }
```

程序运行结果如图 6.9 所示。

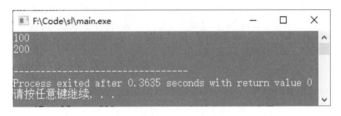

图 6.9　局部变量与全局变量（程序运行结果）

每个变量都有它的生存期，全局变量是在程序开始时创建并分配内存的，在程序结束后释放内存并被销毁；局部变量是在函数调用时创建并在栈中分配内存的，在函数调用结束后被销毁并释放内存。

6.5　重载函数

视频讲解

📹 视频讲解：资源包\Video\06\6.5重载函数.mp4

定义同名的变量，程序编译时会出错；定义同名的函数，也会带来冲突问题。但 C++ 中使用了函数重载技术，通过函数的参数类型来识别函数。所谓函数重载就是指多个函数具有相同的函数名标识符，而参数类型或参数个数不同。在进行函数调用时，编译器以参数的类型或个数来区分调用哪个函数。下面的实例演示了定义重载函数。

实例 06　定义重载函数　　　　　　　　　　　实例位置：资源包\Code\SL\06\06

```
01  #include <iostream>
02  using namespace std;
03  int Add(int x ,int y)              // 定义第一个重载函数
04  {
05      cout << "int add" << endl;     // 输出信息
06      return x + y;                  // 设置函数的返回值
```

```
07  }
08  double Add(double x,double y)        // 定义第二个重载函数
09  {
10      cout << "double add" << endl;    // 输出信息
11      return x + y;                    // 设置函数的返回值
12  }
13  int main()
14  {
15      int ivar = Add(5,2);             // 调用第一个Add函数
16      float fvar = Add(10.5,11.4);     // 调用第二个Add函数
17      return 0;
18  }
```

程序运行结果如图 6.10 所示。

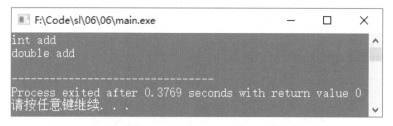

图 6.10 定义重载函数

程序中定义了两个具有相同的函数名标识符的函数，函数名都为 Add。main 函数在调用 Add 函数时实参类型不同，在 "int ivar = Add(5,2);" 语句中，函数的实参类型是整型；在 "float fvar = Add(10.5,11.4);" 语句中，函数的实参类型是双精度类型。编译器可以区分这两个函数，会正确调用相应的函数。

在定义重载函数时，应注意函数的返回值类型不作为区分重载函数的一部分。下面的函数重载是非法的。

```
int Add(int x ,int y)          // 定义一个重载函数
{
    return x + y;
}
double Add(int x,int y)        // 定义一个重载函数
{
    return x + y;
}
```

拓展训练

（1）在电影中，当嫌疑人被警方抓捕时，警方会对嫌疑人说："你有权保持沉默，但你说的每一句话都会成为呈堂证供。"使用函数重载在控制台上输出嫌疑人可选择的状态。（**资源包\Code\Try\057**）

（2）利用函数重载特性，定义concat函数，该函数接收两个具有相同类型（int、short、long、char*）的参数，然后打印出它们的连接形式。例如：

```
concat(1,2);                    // 输出 12
concat("I miss", "you") ;       // 输出 I miss you
```
（**资源包\Code\Try\058**）

6.6 内联函数

视频讲解：资源包\Video\06\6.6内联函数.mp4

　　通过 inline 关键字可以把函数定义为内联函数，编译器会在每个调用该函数的地方展开一个函数副本。

　　在下面的程序中创建了一个 IntegerAdd 函数，并进行了调用。

```
01  #include <iostream>
02  using namespace std;
03  inline int IntegerAdd(int x,int y);
04  int main()
05  {
06      int a;
07      int b;
08      int iresult=IntegerAdd(a,b);
09  }
10  int IntegerAdd(int x,int y)
11  {
12      return x+y;
13  }
```

　　IntegerAdd 函数被定义为内联函数，其执行代码如下：

```
01  #include <iostream>
02  using namespace std;
03  inline int IntegerAdd(int x,int y);
04  int main()
05  {
06      int a;
07      int b;
08      int iresult= a+b;
09  }
```

　　使用内联函数可以减少函数调用所带来的开销（在程序所在的文件内移动指针查找函数调用地址所带来的开销），但它只是一种解决方案，编译器可以忽略内联函数的声明。

　　在函数实现代码简短或者调用该函数的次数相对较少的情况下，应该将该函数定义为内联函数。一个递归函数不能在调用点处完全展开，一个有 1000 行代码的函数也不大可能在调用点处展开，所以内联函数只能在优化程序时使用。在抽象数据类设计中，它对支持信息隐藏起着主要作用。

　　如果某个内联函数要作为外部全局函数，即它将被多个源代码文件所使用，那么就把它定义在头文件中，在每个调用该内联函数的源文件中包含该头文件。这种方法可以保证每个内联函数只有一个定义，防止在程序的生存期引起无意的不匹配问题。

6.7 变量的存储类别

视频讲解：资源包\Video\06\6.7变量的存储类别.mp4

存储类别是变量的属性之一，C++ 语言中定义了 4 种变量的存储类别，分别是 auto 变量、static 变量、register 变量和 extern 变量。变量的存储方式不同会使得变量的生存期不同，生存期表示变量存在的时间。变量的生存期和变量的作用域是从时间和空间这两个不同的角度来描述变量的特性的。

静态存储变量通常是在定义时就被分配了固定的存储单元的，并一直保持不变，直至整个程序结束。前面讲过的全局变量即属于此类存储方式，它们被存放在静态存储区中。动态存储变量是在程序执行过程中使用它时才被分配存储单元的，使用完毕后立即将该存储单元释放。前面讲过的函数的形参，在函数定义时并不给形参分配存储单元，只是在函数被调用时才予以分配，调用函数完毕后立即释放该存储单元。此类变量被存放在动态存储区中。从以上分析可知，静态存储变量是一直存在的，动态存储变量则时而存在，时而消失。

6.7.1 auto 变量

auto 变量（自动变量）的存储类别是 C++ 语言程序中默认的存储类别。在函数内未加存储类别说明的变量均被视为自动变量。也就是说，自动变量可以省去 auto 关键字。例如：

```
{
    int i,j,k;
    ...
}
```

等价于

```
{
    auto int i,j,k;
    ...
}
```

自动变量具有以下特点：

（1）自动变量的作用域仅限于定义该变量的个体内。在函数中定义的自动变量，只在该函数内有效；在复合语句中定义的自动变量，只在该复合语句中有效。

（2）自动变量属于动态存储方式，为变量分配的内存在栈中，当函数调用结束后，自动变量的值会被释放。同样，在复合语句中定义的自动变量，在退出复合语句后也不能再使用，否则将引起错误。

（3）由于自动变量的作用域和生存期都局限于定义它的个体内（函数或复合语句内），因此，在不同的个体中允许使用同名的变量，而不会发生混淆。即使是在函数内定义的自动变量，也可以与在该函数内部的复合语句中定义的自动变量同名。

例如，输出具有不同生存期的变量值。代码如下：

```
01  #include<iostream>
02  using namespace std;
03  int main()
04  {
05      auto int i,j,k;
06      cout <<"input the number:" << endl;
07      cin >> i >> j;
08      k=i+j;
09      if( i!=0 && j!=0 )
10      {
11          auto int k;
```

```
12        k=i-j;
13        cout << "k :" << k << endl;          // 输出变量k的值
14    }
15    cout << "k :" <<k << endl;               // 输出变量k的值
16 }
```

程序运行结果如图 6.11 所示。

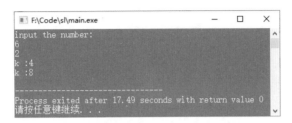

图 6.11 输出具有不同生存期的变量值

程序两次输出的变量 k 为自动变量。第一次输出的是 i-j 的值，第二次输出的是 i+j 的值。虽然变量名都为 k，但它们是两个不同的变量。

6.7.2 static 变量

在声明变量时加 static 关键字，可以将变量声明为静态变量。静态局部变量的值在函数调用结束后不消失，静态全局变量只能在本源文件中使用。例如，声明变量为静态变量：

```
static int a,b;
static float x,y;
static int a[3]={0,1,2};
```

静态变量属于静态存储方式，它具有以下特点：

（1）静态变量在函数内定义，在程序退出时被释放。静态变量在程序整个运行期间都不会被释放，也就是说，它的生存期为整个源程序。

（2）静态变量的作用域与自动变量的相同，在函数内定义就在此函数内使用。而在该函数的外部，尽管该变量还继续存在，但不能使用它，如果再次调用定义它的函数，它就又可继续使用了。

（3）编译器会为静态局部变量赋 0 值。

下面通过实例介绍静态变量的用法。

实例 07　使用静态变量实现累加　　　　　　　　实例位置：资源包\Code\SL\06\07

```
01 #include<iostream>
02 using namespace std;
03 int add(int x)
04 {
05    static int n=0;
06    n=n+x;
07    return n;
08 }
09 int main()
```

```
10  {
11      int i,j,sum;
12      cout << "input the number:" << endl;
13      cin >> i;
14      cout << "the result is:" << endl;
15      for(j=1;j<=i;j++)
16      {
17          sum=add(j);
18          cout << j << ":" <<sum << endl;
19      }
20  }
```

程序运行结果如图 6.12 所示。

程序中 n 是静态局部变量，每次调用 add 函数时，变量 n 中都保存了上一次调用后留下的值。所以，当输入循环次数 3 时，变量 sum 中累加的结果是 6，而不是 3。

如果去除 static 关键字，则程序运行结果如图 6.13 所示。

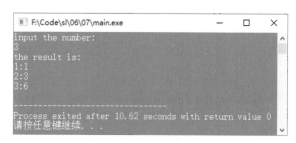

图 6.12 使用静态变量实现累加

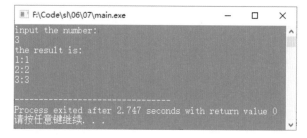

图 6.13 程序运行结果（去除了 static 关键字）

当输入循环次数 3 时，变量 sum 中累加的结果是 3。变量 n 不再使用静态存储区空间，每次调用后变量 n 的值都会被释放，再次调用时变量 n 的值为初值 0。

（1）创建 park()函数，用于记录停车场中停车位的数量，每进入一辆车，就执行一次此函数。停车场共有30个停车位，进入4辆车之后，停车场还剩多少个停车位？（资源包\Code\Try\059）

拓展训练

（2）创建 click()函数，用于记录用户点击量，在函数中定义静态变量sum=0，每调用一次此函数，sum的值就会加1，并输出此时sum的值。调用5次click()，查看此时用户点击量是多少？（资源包\Code\Try\060）

6.7.3 register 变量

通常，变量的值被存放在内存中，当对一个变量频繁读 / 写时，需要反复访问内存，花费了大量的存取时间。为了提高效率，C++ 语言将变量声明为 register 变量（寄存器变量），这种变量将局部变量的值存放在 CPU 的寄存器中，使用时不需要访问内存，可以直接对寄存器读 / 写。寄存器变量的说明符是 register。

对寄存器变量的说明如下：

（1）寄存器变量属于动态存储方式。凡需要采用静态存储方式的量，都不能被定义为寄存器变量。

（2）编译程序会自动决定哪个变量使用寄存器存储。register 起到优化程序的作用。

6.7.4 extern 变量

在一个源文件中定义的变量和函数只能被本源文件中的函数调用，一个 C++ 程序中会有许多源文件，那么如何使用非本源文件中的全局变量呢？ C++ 提供了 extern 关键字来解决这个问题。在使用其他源文件中的全局变量时，只需要在本源文件中使用 extern 关键字来声明这个变量即可。例如：

在 Sample1.cpp 源文件中定义全局变量 a、b、c，代码如下。

```
01  int a,b;      /*全局变量定义*/
02  char c;       /*全局变量定义*/
03  int main()
04  {
05      cout << a << endl;
06      cout << b << endl;
07      cout << c << endl;
08  }
```

在 Sample2.cpp 源文件中使用 Sample1.cpp 源文件中的全局变量 a、b、c，代码如下。

```
01  extern int a,b;      /*全局变量声明*/
02  extern char c;       /*全局变量声明*/
03  func (int x,y)
04  {
05      cout << a << endl;
06      cout << b << endl;
07      cout << c << endl;
08  }
```

在 Sample2.cpp 源文件中，编译系统不再为全局变量 a、b、c 分配内存空间，而是改变全局变量 a、b、c 的值，在 Sample1.cpp 源文件中输出的值也会发生变化。

6.8 小结

本章主要介绍了函数的使用。在使用函数时，要了解函数的返回值、函数的参数以及函数的调用方式。变量的作用域与函数有关。函数的递归调用可以帮助开发人员设计出思路清晰的程序，内联函数可以提高程序的运行效率，函数重载则解决了代码复用中函数名冲突的问题。

本章 e 学码：关键知识点拓展阅读

Display()	函数	重载函数
inline 关键字	局部变量	作用域
返回值	全局变量	

第 7 章
数组、指针和引用

（ ▶ 视频讲解：4 小时 5 分钟）

本章概览

　　数组是有序数据的集合，可以减少对同种类型变量的声明。指针是可以操作内存数据的变量，引用则是变量的别名。数组的首地址可以被看作指针，而通过指针也可以操作数组，在传递函数的参数时指针和引用可以相互替代。指针是一把双刃剑，既能够带来效率的提升，也会给程序带来意想不到的灾难。

知识框架

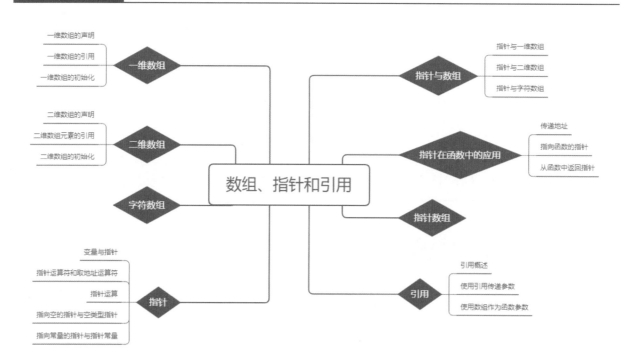

7.1 一维数组

视 频 讲 解

📺 视频讲解：资源包\Video\07\7.1一维数组.mp4

7.1.1 一维数组的声明

在程序设计中，将同一种数据类型的数据按一定的形式有序地组织起来，这些有序数据的集合就被称为"数组"。数组有数组名，可以通过数组名和下标来唯一确定数组中的元素。

一维数组声明的形式如下：

数据类型 数组名[常量表达式]

例如：

```
int a[10];              // 声明一个整型数组，该数组有10个元素
char name[128];         // 声明一个字符数组，该数组有128个元素
float price[20];        // 声明一个浮点型数组，该数组有20个元素
```

对数组的说明如下：
（1）数组的命名规则和变量的命名规则相同。
（2）数组名后面的括号是方括号，方括号内是常量表达式。
（3）常量表达式表示元素的个数，即数组的长度。
（4）定义数组的常量表达式不能是变量，因为数组的大小不能动态定义。

```
int a[i];               // 不合法
```

7.1.2 一维数组的引用

一维数组引用的一般形式如下：

数组名[下标]

例如：

```
int a[10];  // 声明数组
```

a[0]、a[1]、a[2]、a[3]、a[4]、a[5]、a[6]、a[7]、a[8]、a[9]，是对数组 a 中 10 个元素的引用。
对一维数组引用的说明如下：
（1）数组元素的下标起始值为 0，而不是 1。
（2）a[10] 是不存在的数组元素，引用 a[10] 非法。

注意

a[10]属于下标越界，下标越界容易造成程序瘫痪。

7.1.3 一维数组的初始化

数组元素的初始化方式有两种，其中一种是对数组元素逐一赋值，另一种是使用聚合方式赋值。

（1）对数组元素逐一赋值

a[0]=0 就是对单一数组元素进行赋值的，也可以通过使用变量控制下标的方式进行赋值。例如：

```
01  char a[3];
02  a[0]='a';
03  a[2]='c';
04  int i=0;
05  cout << a[i] << endl;
```

（2）使用聚合方式赋值

不仅可以对数组元素逐一赋值，还可以使用花括号为多个元素赋值。例如：

```
int a[12]={1,2,3,4,5,6,7,,8,9,10,11,12};
```

或者

```
int a[]={1,2,3,4,5,6,7,,8,9,10,11,12};      // 编译器能够获得数组元素的个数
```

或者

```
int a[12]={1,2,3,4,5,6,7};                  // 前7个元素被赋值，后5个元素的值为0
```

7.2 二维数组

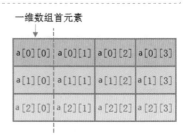

视频讲解

📹 视频讲解：资源包\Video\07\7.2二维数组.mp4

7.2.1 二维数组的声明

二维数组声明的一般形式如下：

```
数据类型  数组名[常量表达式1][常量表达式2]
```

其中，"常量表达式 1"代表行的数量，"常量表达式 2"代表列的数量。

例如：

```
int a[3][4];                // 声明具有3行4列元素的整型数组
float myArray[4][5];        // 声明具有4行5列元素的浮点型数组
```

一维数组描述的是线性序列，二维数组描述的是矩阵。

二维数组可以被看作一种特殊的一维数组，如图 7.1 所示，虚线左侧为 3 个一维数组的首元素，二维数组是由 a[0]、a[1] 和 a[2] 这 3 个一维数组组成的，每个一维数组都包含 4 个元素。

对二维数组的说明如下：

（1）二维数组的命名规则和变量的命名规则相同。

（2）二维数组有两个下标，所以要有两个方括号。

一维数组首元素

	a[0][0]	a[0][1]	a[0][2]	a[0][3]
a[0]				
a[1]	a[1][0]	a[1][1]	a[1][2]	a[1][3]
a[2]	a[2][0]	a[2][1]	a[2][2]	a[2][3]

图 7.1 二维数组

```
int a[3,4]    // 不合法
int a[3:4]    // 不合法
```

（3）下标运算符中的整数表达式代表数组每一维的长度，它们必须是正整数，其乘积确定了整个数组的长度。

例如：

```
int a[3][4]
```

数组的长度就是 3*4=12。

（4）定义数组的常量表达式不能是变量，因为数组的大小不能动态定义。

```
int a[i][j];     // 不合法
```

7.2.2　二维数组元素的引用

二维数组元素引用的形式如下：

```
数组名[下标][下标]
```

二维数组元素的引用和一维数组的引用基本相同。例如：

```
a[2-1][2*2-1]         // 合法
a[2,3],a[2-1,2*2-1]    // 不合法
```

7.2.3　二维数组的初始化

二维数组的初始化方式和一维数组的相同，也分为对数组元素逐一赋值和使用聚合方式赋值两种。

例如：

```
myArray[0][1]=12;                              // 单个元素初始化
int a[3][4]={1,2,3,4,5,6,7,8,9,10,11,12};      // 使用聚合方式赋值
```

使用聚合方式为数组赋值等同于分别对数组中的每个元素进行赋值。例如：

```
int a[3][4]={1,2,3,4,5,6,7,8,9,10,11,12};
```

等同于

```
a[0][0]=1;a[0][1]=2;a[0][2]=3;a[0][3]=4;
a[1][0]=5;a[1][1]=6;a[1][2]=7;a[1][3]=8;
a[2][0]=9;a[2][1]=10;a[2][2]=11;a[2][3]=12;
```

二维数组中元素的排列顺序是按行存放的，即在内存中先顺序存放第一行的元素，再存放第二行的元素。例如，int a[3][4]={1,2,3,4,5,6,7,8,9,10,11,12};的赋值顺序如下：

☑ 先给第一行元素赋值：a[0][0]->a[0][1]->a[0][2]->a[0][3]。

☑ 再给第二行元素赋值：a[1][0]->a[1][1]->a[1][2]->a[1][3]。

☑ 最后给第三行元素赋值：a[2][0]->a[2][1]->a[2][2]->a[2][3]。

数组元素的位置以及对应的数值如图 7.2 所示。

a[0]	a[0][0]	a[0][1]	a[0][2]	a[0][3]
a[1]	a[1][0]	a[1][1]	a[1][2]	a[1][3]
a[2]	a[2][0]	a[2][1]	a[2][2]	a[2][3]

1	2	3	4
5	6	7	8
9	10	11	12

数组位置　　　　　　　　　　数值位置

图 7.2 数组元素的位置以及对应的数值

使用聚合方式赋值，也可以按行进行赋值。例如：

```
int a[3][4]={{1,2,3,4},{5,6,7,8},{9,10,11,12}};
```

二维数组可以只对前几个元素赋值。例如：

```
a[3][4]={1,2,3,4};   // 相当于给第一行的元素赋值，其余数组元素的值都为0
```

数组元素是左值，可以出现在表达式中，也可以对数组元素进行计算。例如：

```
b[1][2]=a[2][3]/2;
```

7.3 字符数组

视频讲解：资源包\Video\07\7.3字符数组.mp4

用来存放字符数据的数组是字符数组，字符数组中的一个元素存放一个字符。字符数组具有数组的共同属性。由于字符数组应用广泛，所以 C 和 C++ 专门为它提供了许多方便的用法和函数。

1. 声明一个字符数组

```
char pWord[11];
```

2. 字符数组赋值方式

对数组元素逐一赋值。

```
pWord[0]='H' pWord[1]='E' pWord[2]='L' pWord[3]='L'
pWord[4]='O' pWord[5]=' ' pWord[6]='W' pWord[7]='O'
pWord[8]='R' pWord[9]='L' pWord[10]='D'
```

使用聚合方式赋值。

```
char pWord[]={'H','E','L','L','O',' ','W','O','R','L','D'};
```

如果花括号中提供的初值个数大于数组长度，则按语法错误处理。如果初值个数小于数组长度，则只将这些字符赋给数组中前面的元素，其余的元素被自动定义为空字符。如果所提供的初值个数与预定的数组长度相同，那么在定义时可以省略数组长度，系统会自动根据初值个数确定数组长度。

3. 对字符数组的一些说明

以聚合方式赋值只能在声明数组时使用。例如：

```
char pWord[5];
pWord={'H','E','L','L','O'};      // 错误
```

字符数组不能被赋值给字符数组。

```
char a[5]= {'H','E','L','L','O'};
char b[5];
a=b;                             // 错误
a[0]=b[0];                       // 正确
```

4．字符串和字符串结束标志

字符数组常被作为字符串使用，作为字符串就要有字符串结束标志"\0"。

可以使用字符串为字符数组赋值。例如：

```
char a[]= "HELLO WORLD";
```

等同于

```
char a[]= "HELLO WORLD\0";
```

字符串结束标志"\0"主要用于告知字符串处理函数，字符串已经结束了，不需要再输出了。

5．字符串处理函数

（1）strcat 函数

字符串连接函数 strcat 的格式如下：

```
strcat(字符数组1,字符数组2)
```

把"字符数组 2"中的字符串连接到"字符数组 1"中字符串的后面，并删去"字符数组 1"中字符串后面的结束标志"\0"。

下面通过实例演示使用 strcat 函数将两个字符串连接在一起。

实例 01　字符串连接　　　　　　　　　　　　　　实例位置：资源包\Code\SL\07\01

```
01 #include<iostream>
02 #include<string.h>
03 using namespace std;
04 int main()
05 {
06     char str1[30],str2[20];
07     cout<<"please input string1:"<< endl;
08     gets(str1);
09     cout<<"please input string2:"<<endl;
10     gets(str2);
11     strcat(str1,str2);
12     cout <<"Now the string1 is:"<<endl;
13     puts(str1);
14 }
```

程序运行结果如图 7.3 所示。

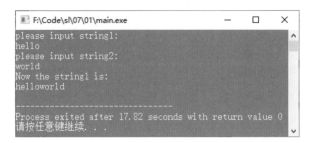

图 7.3 字符串连接

说明　在使用strcat函数时要注意，"字符数组1"的长度要足够大，否则不能装下连接后的字符串。

拓展训练

（1）假设某个系统可以记录诗人输入的文章，诗人逐句输入，而程序输出时，要求每次输出整篇文章。假设整篇文章共有4个句子，每个句子的长度为30，试编写一个程序模拟此场景。（资源包\Code\Try\061）

（2）编写一个程序接收用户输入的目录名和文件名，然后输出文件的全路径。（资源包\Code\Try\062）

（2）strcpy 函数

字符串复制函数 strcpy 的格式如下：

strcpy(字符数组1,字符数组2)

把"字符数组 2"中的字符串复制到"字符数组 1"中。字符串结束标志"\0"也一同复制。

说明　① "字符数组1"应有足够的长度，否则不能全部装入所复制的字符串。

② "字符数组1"必须写成数组名的形式，而"字符数组2"可以是字符数组名，也可以是一个字符串常量，这时相当于把一个字符串赋给字符数组。

为了使读者更好地了解 strcpy 函数，下面通过实例演示使用 strcpy 函数来实现字符串复制的功能。

实例 02　字符串复制　　　　　　　　　　　实例位置：资源包\Code\SL\07\02

```cpp
01 #include<iostream>
02 #include<string.h>
03 using namespace std;
04 int main()
05 {
06     char str1[30],str2[20];
07     cout<<"please input string1:"<< endl;
08     gets(str1);
09     cout<<"please input string2:"<<endl;
```

```
10      gets(str2);
11      strcpy(str1,str2);
12      cout<<"Now the string1 is:\n"<<endl;
13      puts(str1);
14  }
```

程序运行结果如图 7.4 所示。

图 7.4　字符串复制

说明

strcpy函数实质上是用"字符数组2"中的字符串覆盖"字符数组1"中的内容，而strcat函数则不存在覆盖的问题，它只是单纯地将"字符数组2"中的字符串连接到"字符数组1"中字符串的后面。

拓展训练

（1）将字符串"Where there is a will, there is a way."保存到字符数组中，然后将其翻译成中文"有志者事竟成"。（资源包\Code\Try\063）

（2）张三使用支付宝在淘宝网买东西，但是忘记了密码（abc67463878），所以重新设置了密码（26478632aaa）。（资源包\Code\Try\064）

（3）strcmp 函数

字符串比较函数 strcmp 的格式如下：

```
strcmp(字符数组1,字符数组2)
```

按照 ASCII 码的顺序比较两个数组中的字符串，并通过函数的返回值返回比较结果。

☑ 字符串 1= 字符串 2，返回值为 0。

☑ 字符串 1> 字符串 2，返回值为一个正数。

☑ 字符串 1< 字符串 2，返回值为一个负数。

下面通过实例演示如何使用 strcmp 函数对字符串进行比较。

实例 03　字符串比较　　　　　　　　　　　　实例位置：资源包\Code\SL\07\03

```
01  #include<iostream>
02  #include <string.h>
03  using namespace std;
04
05  int main()
```

```
06  {
07      char str1[30],str2[20];
08      int i=0;
09      cout<<"please input string1:"<< endl;
10      gets(str1);
11      cout<<"please input string2:"<<endl;
12      gets(str2);
13      i=strcmp(str1,str2);
14      if(i>0)
15      cout <<"str1>str2"<<endl;
16      else
17      if(i<0)
18      cout <<"str1<str2"<<endl;
19      else
20      cout <<"str1=str2"<<endl;
21  }
```

程序运行结果如图 7.5 所示。

图 7.5 字符串比较

拓展训练

（1）编写一个程序，接收用户的输入，当用户输入一个单词时，输出这个单词；当用户输入 "exit" 时，程序输出 "bye"，并退出。（**资源包\Code\Try\065**）

（2）在银行取钱输入密码，只有输入正确方能取到钱，正确的密码为574824。（**资源包\Code\Try\066**）

（4）strlen 函数

字符串长度获取函数 strlen 的格式如下：

```
strlen(字符数组名)
```

使用该函数可以获取字符串的实际长度（不含字符串结束标志 "\0"），函数的返回值为字符串的实际长度。

下面通过实例演示调用 strlen 函数来实现获取字符串长度的功能。

实例 04　获取字符串长度　　　　　　　　　　　　实例位置：资源包\Code\SL\07\04

```
01 #include<iostream>
02 #include <string.h>
03 using namespace std;
04 int main()
```

```
05  {
06      char str1[30],str2[20];
07      int len1,len2;
08      cout<<"please input string1:"<< endl;
09      gets(str1);
10      cout<<"please input string2:"<<endl;
11      gets(str2);
12      len1=strlen(str1);
13      len2=strlen(str2);
14      cout <<"the length of string1 is:"<< len1 <<endl;
15      cout <<"the length of string2 is:"<< len2 <<endl;
16  }
```

程序运行结果如图 7.6 所示。

图 7.6 获取字符串长度

（1）英语老师要求同学使用how造句，句子的长度不得小于3，也不得大于30，才算造句成功，否则输出造句失败。（资源包\Code\Try\067）

拓展训练 （2）判断用户输入的密码是否是6位的。（资源包\Code\Try\068）

7.4 指针

▶ 视频讲解：资源包\Video\07\7.4指针.mp4

视频讲解

7.4.1 变量与指针

系统的内存就像是带有编号的小房间，如果想使用内存，就需要得到房间号。如图 7.7 所示，定义一个整型变量 i，它需要 4 字节，所以编译器为变量 i 分配了编号从 4001 到 4004 的房间，每个房间代表 1 字节。

各个变量被连续地存储在系统的内存中，如图 7.8 所示，两个整型变量 i 和 j 被存储在内存中。

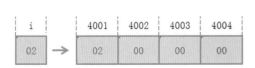

图 7.7 整型变量 i

图 7.8 整型变量 i 和 j

在程序代码中，是通过变量名对内存单元进行存取操作的，但是代码经过编译后，已经将变量名转换为该变量在内存中的存放地址，对变量值的存取都是通过地址进行的。例如，i+j; 语句的计算过程是根据变量名与地址的对应关系，找到变量 i 的地址 4001，从 4001 开始读取 4 字节的数据放到 CPU 的一个寄存器中；再找到变量 j 的地址 4005，从 4005 开始读取 4 字节的数据放到 CPU 的另一个寄存器中，通过 CPU 的加法中断计算出结果。

由于通过地址能访问指定的内存单元，所以可以说地址"指向"该内存单元。例如，房间号 4001 指向系统内存中的一个地址。地址可以被形象地称为指针，意思是通过指针能找到内存单元。一个变量的地址被称为该变量的指针。如果有一个变量专门用来存放另一个变量的地址，那么它就是指针变量。在 C++ 语言中，有专门用来存放内存单元地址的变量类型，它就是指针类型。

指针是一种数据类型，通常所说的指针就是指指针变量，它是一个专门用来存放地址的变量，而变量的指针主要是指变量在内存中的地址。变量的地址在编写代码时无法获取，只有在程序运行时才可以得到。

1. 指针的声明

指针声明的一般形式如下：

数据类型标识符 *指针变量名

例如：

```
int *p_iPoint;        // 声明一个整型指针
float *a,*b           // 声明两个浮点型指针
```

2. 指针的赋值

指针可以在声明时赋值，也可以在后期赋值。

（1）在声明时赋值

```
int i=100;
int *p_iPoint=&i;
```

（2）在后期赋值

```
int i=100;
p_iPoint =&i;
```

说明

通过变量名访问一个变量是直接的，而通过指针访问一个变量是间接的。

3. 关于指针使用的说明

（1）指针变量名是 p，而不是 *p。

p=&i 的意思是取变量 i 的地址赋给指针变量 p。

下面的实例可以获取变量的地址，并输出地址值。

实例 05　输出变量的地址值　　　　　　　　　　　　实例位置：资源包\Code\SL\07\05

```
01 #include <iostream>
02 using namespace std;
```

```
03  int main()
04  {
05      int a=100;                    // 定义一个变量a
06      int *p=&a;                    // 定义一个指针变量p并初始化
07      printf("%d\n",p);             // 按十进制形式输出a的地址值
08  }
```

程序运行结果如图 7.9 所示。

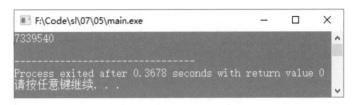

图 7.9 输出变量的地址值

上面的实例可以通过 printf 函数直接输出地址值。由于变量是由系统分配空间的，所以变量的地址不是固定不变的。

 在定义一个指针之后，一般要使指针有明确的指向。与常规的变量未赋值相同，没有明确指向的指针不会引起编译器出错，但是对于指针则可能导致无法预料的或者隐藏的灾难性后果，所以指针一定要赋值。

 （1）定义一个变量，然后以十六进制形式输出变量的地址。（**资源包\Code\Try\069**）
（2）定义整型、浮点型、字符型的变量，并分别输出它们的地址，观察3个地址之间的差值是多少。（**资源包\Code\Try\070**）

（2）指针变量不可以直接赋值。例如：

```
int a=100;
int *p;
p=100;
```

编译不能通过，有"error C2440: '=': cannot convert from 'const int' to 'int *'"错误提示。
如果强行赋值，那么在使用指针运算符"*"提取指针所指向的变量时会出错。例如：

```
int a=100;
int *p;
p=(int*)100;          // 通过强制转换将100赋给指针变量
printf("%d",p);       // 输出地址，能够正确输出
printf("%d",*p);      // 输出指针指向的值，出错语句
```

（3）不能将 *p 当作变量使用。例如：

```
int a=100;
int *p;
*p=100;                     // 指针没有获取到地址
```

```
printf("%d",p);         // 输出地址，出错语句
printf("%d",*p);        // 输出指针指向的值，出错语句
```

上面的代码可以编译通过，但在运行时会弹出错误提示对话框，如图 7.10 所示。

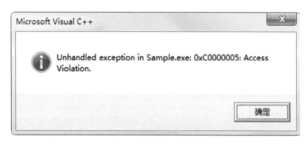

图 7.10 错误提示

7.4.2 指针运算符和取地址运算符

"*"和"&"是两个运算符，其中"*"是指针运算符，"&"是取地址运算符。

☑ 取地址运算符：如图 7.11 所示，变量 i 的值为 100，被存储在内存地址为 4009 的地方，取地址运算符"&"使指针变量 p 得到地址 4009。

☑ 指针运算符：如图 7.12 所示，指针变量存储的是地址编号 4009，指针通过指针运算符可以得到地址 4009 处的内容。

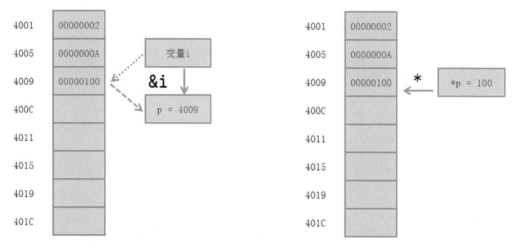

图 7.11 取地址   图 7.12 通过地址取值

下面的实例通过指针实现输出指针对应的数值的功能。

实例 06 输出指针对应的数值　　　　　　　　　　实例位置：资源包\Code\SL\07\06

```
01  #include <iostream>
02  using namespace std;
03  int main()
04  {
05      int a=100;
```

```
06      int *p=&a;
07      cout << " a=" << a <<endl;
08      cout << "*p=" << *p <<endl;
09 }
```

程序运行结果如图 7.13 所示。

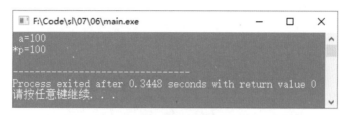

图 7.13　输出指针对应的数值

（1）输出 "wonderful" 中的第一个元音字母。（**资源包\Code\Try\071**）

拓展训练　（2）找出身份证号码 "123456190001017890" 中的出生年月日。（**资源包\Code\Try\072**）

在声明并初始化指针变量时，同时用到了 "*" 和 "&" 这两个运算符。例如：

```
int *p=&a;
```

等同于

```
int *p;
p = &a;
```

&*p和*&a的区别：&和*运算符的优先级相同，按自右至左的方向结合，因此&*p是先进行*运算，*p相当于变量a，再进行&运算的，&*p就相当于取变量a的地址。*&a是先进行&运算，&a就是取变量a的地址，再进行*运算的，*&a就相当于取变量a所在地址的值，实际上就是变量a。

多学两招

7.4.3　指针运算

指针变量存储的是地址值，对指针做运算就等于对地址做运算。下面通过实例来了解指针运算。

实例 07　输出指针运算后的地址值　　实例位置：资源包\Code\SL\07\07

```
01 #include <iostream>
02 using namespace std;
03 int main()
04 {
05      int a=100;
06      int *p=&a;
```

```
07      printf("address:%d\n",p);
08      p++;
09      printf("address:%d\n",p);
10      p--;
11      printf("address:%d\n",p);
12      p--;
13      printf("address:%d\n",p);
14  }
```

程序运行结果如图 7.14 所示。

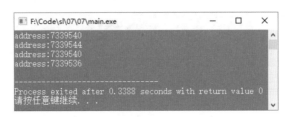

图 7.14 输出指针运算后的地址值

程序首先输出的是指向变量 a 的指针地址值 "7339540"，然后对指针分别进行自加运算、自减运算、自减运算，输出的结果分别是 7339544、7339540、7339536。

在定义指针变量时，必须指定一个数据类型。指针变量的数据类型用来指定该指针变量所指向数据的类型。

说明

（1）利用指针判断字符串 "I have a dream." 中有多少个单词。（资源包\Code\Try\073）

（2）假设数字 "0" 表示灯泡没亮，数字 "1" 表示灯泡亮着，现有6个灯泡排列成一行，组成一个一维数组{1,0,0,1,0,0}，查找倒数第一个亮着的灯泡位置，并显示该灯泡的前一个灯泡是否亮着。（资源包\Code\Try\074）

拓展训练

7.4.4 指向空的指针与空类型指针

指针可以指向任何类型的数据，包括空类型（void）。例如：

```
void *p;          // 定义一个指向空类型的指针变量
```

空类型指针可以接收任何类型的数据，当使用它时，我们可以将其强制转换为所对应的数据类型。

实例 08 空类型指针的使用　　　　　　　　　　实例位置：资源包\Code\SL\07\08

```
01  #include <iostream>
02  using namespace std;
03  int main()
04  {
05      int *pI = NULL;
```

```
06      int i = 4;
07      pI = &i;
08      float f = 3.333f;
09      bool b =true;
10      void *pV = NULL;
11      cout<<"依次赋值给空指针"<<endl;
12      pV = pI;
13      cout<<"pV = pI --------"<<*(int*)pV<<endl;
14      cout<<"pV = pI ---------转为float类型指针"<<*(float*)pV<<endl;
15      pV = &f;
16      cout<<"pV = &f --------"<<*(float*)pV<<endl;
17      cout<<"pV = &f --------转为int类型指针"<<*(int*)pV<<endl;
18      return 0;
19  }
```

程序运行结果如图 7.15 所示。

图 7.15 空类型指针的使用

可以看到，为空指针赋值后，只有将其转换为对应类型的指针，我们才能得到所期望的结果。若将其转换为其他类型的指针，那么所得到的结果将不可预知。非空类型指针同样具有这样的特性。在本实例中，出现了一个符号"NULL"，它表示空值。空值无法用输出语句表示，而且赋空的指针无法使用，直到赋给它其他的值。

拓展训练

（1）有如下代码：
```
int a=0x12345678;
void *p = &a;
```
变量a是长度为4字节的整数，尝试将a的每一字节单独输出，即最终结果为
```
12
34
56
78
```
（资源包\Code\Try\075）
（2）补全下面的函数，该函数可以根据类型输出变量的值。
```
void PrintByType(void *p, int type) {
    switch(type) {
    case 0: // int类型
        // 补全代码
    case 1: // char类型
        // 补全代码
    case 2: // float类型
```

```
            // 补全代码
        default:
            cout << "不能处理该类型:" << type <<endl;
            break;
        }
    }
    （资源包\Code\Try\076）
```

7.4.5 指向常量的指针与指针常量

与其他数据类型一样，指针也有常量，使用 const 关键字表示，形式如下：

```
int i =9;
int * const p = &i;
*p = 3;
```

将 const 关键字放在标识符前，表示这个数据本身是常量，而数据类型是 int*，即整型指针。与其他常量一样，指针常量必须初始化。我们无法改变它的内存指向，但是可以改变它指向内存的内容。

若将 const 关键字放到指针类型的前面，则形式如下：

```
int i =9;
int const* p = &i;
```

这是指向常量的指针。虽然它所指向的数据可以通过赋值语句进行修改，但是通过该指针修改内存内容的操作是不被允许的。

当 const 以如下形式使用时：

```
int i =9;
int const* const p = &i;
```

该指针是一个指向常量的指针常量。我们既不可以改变它的内存指向，也不可以通过它修改指向内存的内容。

7.5 指针与数组

视频讲解

🎬 视频讲解：资源包\Video\07\7.5指针与数组.mp4

7.5.1 指针与一维数组

系统需要提供一定量连续的内存来存储数组中的各个元素，内存有地址，指针变量就是存放地址的变量。如果把数组的地址赋给指针变量，那么就可以通过指针变量来引用数组。引用数组有两种方法：下标法和指针法。

通过指针引用数组，就要先声明一个数组，再声明一个指针。

```
int a[10];
int *p;
```

然后通过 "&" 运算符获取数组中元素的地址，再将地址赋给指针变量。

```
p=&a[0];
```

把 a[0] 元素的地址赋给指针变量 p，即 p 指向 a 数组的第 0 号元素，如图 7.16 所示。

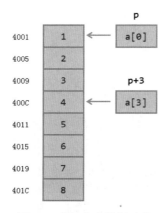

图 7.16 指针指向数组元素

下面通过实例来了解指针和数组之间的操作，本实例将实现通过指针变量获取数组中元素的功能。

实例 09　通过指针变量获取数组中的元素　　　　实例位置：资源包\Code\SL\07\09

```
01 #include <iostream>
02 using namespace std;
03 int main()
04 {
05     int i,a[10];
06     int *p;
07     // 利用循环，分别为10个元素赋值
08     for(i=0;i<10;i++)
09         a[i]=i;
10     // 将数组中的10个元素输出到显示设备上
11     p=&a[0];
12     for(i=0;i<10;i++,p++)
13         cout << *p << endl;
14 }
```

如果指针变量 p 已指向数组中的一个元素，则 p+1 指向同一个数组中的下一个元素。

p+i 和 a+i 是 a[i] 的地址。a 代表首元素的地址，a+i 也是地址，对应于数组元素 a[i]。

(p+i) 或 * (a+i) 是 p+i 或 a+i 所指向的数组元素，即 a[i]。

程序中使用指针获取数组首元素的地址，也可以将数组名赋给指针，然后通过指针访问数组。实现代码如下：

```
01 #include <iostream>
02 using namespace std;
03 int main()
04 {
05     int i,a[10];
```

```
06      int *p;
07      for(i=0;i<10;i++)                  // 利用循环，分别为10个元素赋值
08          a[i]=i;
09      p=a;                               // 让p指向数组a的首地址
10      for(i=0;i<10;i++,p++)              // 将数组中的10个元素输出到显示设备上
11          cout << *p << endl;
12 }
```

程序运行结果如图 7.17 所示。

图 7.17 通过指针变量获取数组中的元素

说明

在字符串处理函数的章节中，数组名为何能作为函数参数呢？原因如同看到的一样，它其实是一个指针常量。在数组声明之后，C++分配给数组一个常指针，始终指向数组的第一个元素。而在本章出现的字符串处理函数中，接收数组名的参数列表，也接收字符指针。关于字符串数组和指针的详细问题，在后面的章节中我们还会了解到。

程序中使用数组地址来进行计算，a+i 表示数组 a 中的第 i 个元素，通过指针运算符就可以获得数组元素的值。

```
01 #include <iostream>
02 using namespace std;
03 int main()
04 {
05      int i,a[10];
06      int *p;
07      // 利用循环，分别为10个元素赋值
08      for(i=0;i<10;i++)
09          a[i]=i;
10      // 将数组中的10个元素输出到显示设备上
11      p=a;                               // p指向a的首地址
12      for(i=0;i<10;i++)
13          cout << *(a+i) << endl;        // 指针向后移动i个单位，取出其中的值并输出
14 }
```

关于使用指针操作数组的一些说明如下：

（1）*(p--) 相当于 a[i--]，先对 p 进行 * 运算，再使 p 自减。

（2）*(++p) 相当于 a[++i]，先使 p 自加，再做 * 运算。

（3）*(--p) 相当于 a[--i]，先使 p 自减，再做 * 运算。

拓展训练

（1）使用指针查找字符串 "Life is brief, and then you die, you know?" 中第一个 "," 的位置。（资源包\Code\Try\077）

（2）访问数组中的元素可以使用下标，也可以使用指针。假设a是一个数组，使用下标（从0开始）的方式访问数组中第5个元素的语法为 "a[5]"，请尝试使用指针的方式访问第5个元素。（资源包\Code\Try\078）

7.5.2 指针与二维数组

可以将一维数组的地址赋给指针变量，同样可以将二维数组的地址赋给指针变量。因为一维数组的内存地址是连续的，二维数组的内存地址也是连续的，可以将二维数组看作一维数组。二维数组中各元素的地址如图 7.18 所示。

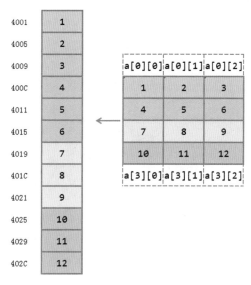

图 7.18　二维数组中各元素的地址

使用指针引用二维数组的方法和引用一维数组的方法相同。首先声明一个二维数组和一个指针变量：

```
int a[4][3];
int *p;
```

a[0] 是二维数组的第一个元素的地址，可以将该地址直接赋给指针变量。

```
p=a[0];
```

此时使用指针 p 就可以引用二维数组中的元素了。

为了更好地操作二维数组，下面通过实例来实现使用指针变量遍历二维数组的功能。

实例 10　使用指针变量遍历二维数组　　　　实例位置：资源包\Code\SL\07\10

```
01 #include <iostream>
02 #include <iomanip>
03 using namespace std;
```

```
04  int main()
05  {
06      int a[4][3]={1,2,3,4,5,6,7,8,9,10,11,12};
07      int *p;
08      p=a[0];
09      for(int i=0;i<sizeof(a)/sizeof(int);i++)        // i<48/4, 循环12次
10      {
11          cout << "address:";
12          cout << a[i] ;
13          cout << " is " ;
14          cout << *p++ << endl;
15      }
16  }
```

程序运行结果如图 7.19 所示。

图 7.19 使用指针变量遍历二维数组

程序中通过 *p 对二维数组中的所有元素都进行了引用。如果想对二维数组某一行中的某一列元素进行引用，则需要将二维数组不同行的首元素地址赋给指针变量。如图 7.20 所示，可以将 4 个行首元素地址赋给变量 p。

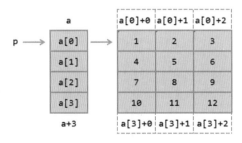

图 7.20 指针指向二维数组

a 代表二维数组的地址，通过指针运算符可以获取数组中的元素。

（1）a+n 表示第 n 行的首地址。

（2）&a[0][0] 既可以被看作数组第 0 行第 0 列的首地址，也可以被看作二维数组的首地址。&a[m][n] 就是第 m 行第 n 列元素的地址。

（3）&a[0] 是第 0 行的首地址，&a[n] 就是第 n 行的首地址。

（4）a[0]+n 表示第 0 行第 n 个元素的地址。

（5）*(*(a+n)+m) 表示第 n 行第 m 列的元素。

（6）*(a[n]+m) 表示第 n 行第 *m* 列的元素。

（1）交换二维数组array = {｛8, 75, 23｝, ｛21, 55, 34｝, ｛15, 23, 20｝}的行列数据。（**资源包\\Code\\Try\\079**）

拓展训练

（2）有一个3*3的网格，将1～9的数字放入方格中，达到能够使得每行每列以及每个对角线的值相加都相同（提示：矩阵中心的元素为5）。（**资源包\\Code\\Try\\080**）

　　　　4、9、2

　　　　3、5、7

　　　　8、1、6

7.5.3 指针与字符数组

字符数组是一个一维数组，使用指针同样可以引用字符数组。引用字符数组的指针为字符指针，字符指针就是指向字符型内存空间的指针变量，其一般的定义格式如下：

```
char *p;
```

字符数组就是一个字符串，通过字符指针可以指向一个字符串。

例如：

```
char *string="www.broadview.com.cn";
```

等价于

```
char *string;
string="www.broadview.com.cn";
```

为了使读者更好地了解指针与字符数组之间的操作，下面通过实例来实现通过指针连接两个字符数组的功能。

实例 11　通过指针连接两个字符数组　　　　　实例位置：资源包\\Code\\SL\\07\\11

```
01  #include<iostream>
02  using namespace std;
03  int main()
04  {
05      char str1[50],str2[30],*p1,*p2;
06      p1=str1;                    // 让两个指针分别指向两个数组
07      p2=str2;
08      cout << "please input string1:"<< endl;
09      gets(str1);                 // 给str1赋值
10      cout << "please input string2:"<< endl;
11      gets(str2);                 // 给str2赋值
12      while(*p1!='\0')
13      p1++;                       // 把p1移动到str1的末尾
14      while(*p2!='\0')
15      *p1++=*p2++;                 // 取p2指向的值赋到p1指向的地址（str1的末尾），即连接str1和str2
16      *p1='\0';
17      cout << "the new string is:"<< endl;
18      puts(str1);                 // 输出新的str1
19  }
```

程序运行结果如图 7.21 所示。

图 7.21 通过指针连接两个字符数组

（1）创建一个二维数组，将古诗《春晓》的内容赋给二维数组，然后输出。（**资源包\Code\Try\081**）

（2）有两个小型书柜，其中第一个书柜中依次有两本书，即《Java》和《Java Web》；第二个书柜中也依次有两本书，即《C++》和《Linux C》。在控制台输入要搜索的书名或关键词（包括可忽略大小写的字母）后，输出书名以及书的位置。（**资源包\Code\Try\082**）

7.6 指针在函数中的应用

📹 视频讲解：资源包\Video\07\7.6指针在函数中的应用.mp4

7.6.1 传递地址

前面所接触到的函数都是按值传递参数的。也就是说，将实参传递进函数体后，生成的是实参的副本。当在函数中改变副本的值时，并不会影响到实参。而使用指针传递参数时，指针变量产生了副本，但副本与原变量所指向的内存区域是同一个。改变指针副本指向的变量，就是改变原指针变量所指向的变量。

实例 12 调用自定义函数交换两个变量值	**实例位置：资源包\Code\SL\07\12**

```cpp
01 #include <iostream>
02 using namespace std;
03 void swap(int *a,int *b)              // 交换a、b指向的两个地址的值（指针传递）
04 {
05     int tmp;                          // 定义一个临时变量
06     tmp=*a;                           // 把a指向的值赋给tmp
07     *a=*b;                            // 把b指向的值赋到a指向的位置
08     *b=tmp;                           // 把tmp赋到b指向的位置
09 }
10 void swap(int a,int b)                // 交换a、b的值（值传递）
11 {
12     int tmp;
13     tmp=a;
14     a=b;
```

```
15        b=tmp;
16  }
17  int main()
18  {
19      int x,y;
20      int *p_x,*p_y;                      // 定义两个整型指针
21      cout << "input two number " << endl;
22      cin >> x;                           // 给x、y赋值
23      cin >> y;
24      p_x=&x;p_y=&y;                       // 两个指针分别指向x、y的地址
25      cout<<"按指针传递参数交换"<<endl;
26      swap(p_x,p_y);                       // 执行的是参数都为指针的swap函数
27      cout << "x=" << x <<endl;
28      cout << "y=" << y <<endl;
29      cout<<"按值传递参数交换"<<endl;
30      swap(x,y);                           // 执行的是参数都为整型变量的swap函数
31      cout << "x=" << x <<endl;
32      cout << "y=" << y <<endl;
33  }
```

程序运行结果如图 7.22 所示。

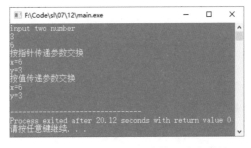

图 7.22 调用自定义函数交换两个变量值

从图 7.22 中的结果可以看出，使用指针传递参数的函数真正实现了 x 与 y 的交换，而按值传递参数的函数只是交换了 x 与 y 的副本。

swap 函数是用户自定义的重载函数，在 main 函数中调用该函数交换变量 a 和 b 的值。使用指针传递参数的 swap 函数的两个形参被传入了两个地址值，也就是传入了两个指针变量。在 swap 函数的函数体内，使用整型变量 tmp 作为中转变量，将两个指针变量所指向的数值进行交换。在 main 函数内，首先获取输入的两个数值，分别传递给变量 x 和 y，将 x 和 y 的地址值传递给 swap 函数。在使用指针传递参数的 swap 函数内，两个指针变量的副本 a 和 b 所指向的变量正是 x 与 y。而按值传递参数的 swap 函数并没有实现交换 x 与 y 的功能。

（1）定义to_up函数，该函数可以将传入的字符变为大写的。（资源包\Code\Try\083）
（2）定义display函数，该函数可以显示传入的字符串的值，但是不能改变字符串的内容。（资源包\Code\Try\084）

7.6.2 指向函数的指针

指针变量也可以指向一个函数。一个函数在编译时被分配了一个入口地址，这个入口地址就被称

为函数指针。可以用一个指针变量指向函数，然后通过该指针变量调用此函数。

一个函数可以返回整型值、字符值、实型值等，也可以返回指针类型数据，即地址。其概念与前面的类似，只是返回值的类型是指针类型而已。返回指针类型值的函数简称指针函数。

定义指针函数的一般形式如下：

```
类型名 *函数名(参数列表);
```

例如，定义一个具有两个参数和一个返回值的函数的指针：

```
int sum(int x,int y)        // 定义一个函数
int *a(int,int );           // 定义一个函数指针
a = sum;                    // 让函数指针a指向函数sum
```

函数指针可以指向具有返回值与参数列表的函数。当使用函数指针时，形式如下：

```
int c,d;                    // 定义两个整型变量
(*a)(c,d );                 // 调用指针a指向的函数，并传参
```

7.6.3 从函数中返回指针

当定义一个返回指针类型的函数时，形式如下：

```
int* function(参数列表)
{
    ……;              // 执行过程
    return p;
}
```

p 是一个指针变量，也可以是一个形如 &value 的地址值。当函数返回一个指针变量时，我们得到的是地址值。值得注意的是，返回指针的内存内容并不会成为一个临时变量。

实例 13　指针做返回值　　　　　　　　　　　**实例位置：资源包\Code\SL\07\13**

```
01  #include <iostream>
02  using std::cout;
03  using std::endl;
04  int* pointerGet(int* p)
05  {
06      int i = 9;
07      cout<<"函数体中i的地址"<<&i<<endl;
08      cout<<"函数体中i的值:"<<i<<endl;
09      p = &i;
10      return p;
11  }
12  int main()
13  {
14      int* k = NULL;
15      cout<<"k的地址:"<<k<<endl;                // 输出k的初始地址
16      cout<<"执行函数，将k赋给函数返回值"<<endl;
17      k = pointerGet(k);                        // 调用函数，获得一个指向变量i的地址的指针
18      cout<<"k的地址:"<<k<<endl;                // 输出k的新地址（i的地址）
```

```
19        cout<<"k所指向内存的内容:"<<*k<<endl;        // 输出一个随机数
20   }
```

程序运行结果如图 7.23 所示。

可以看到，pointerGet 函数返回的是在函数体中定义的 i 的地址。函数执行后，i 的内存被销毁，其值变成一个不可预知的数。

图 7.23　指针做返回值

 值为NULL的指针地址为0，但这并不意味着这块内存可以使用。将指针赋值为NULL，也是基于安全考虑的。在以后的章节中，我们还将详细讨论内存的安全问题。

注意

 （1）定义一个函数，该函数可以返回数组中指定元素的位置，返回值的类型为 "int *"。（资源包\Code\Try\085）

拓展训练 （2）编写一个函数，判断"只有知道如何停止的人才知道如何加快速度。"中"加快"出现的位置，返回子字符串的指针。（**资源包\Code\Try\086**）

7.7　指针数组

视频讲解

📹 视频讲解：资源包\Video\07\7.7指针数组.mp4

数组中的元素均为指针变量的数组被称为指针数组。定义一维指针数组的形式如下：

```
类型名  *数组名[数组长度];
```

例如：

```
int *p[4];
```

指针数组中的数组名也是一个指针变量，该指针变量为指向指针的指针。

例如：

```
int *p[4];
int a=1;
*p[0]=&a;
```

p 是一个指针数组，它的每一个元素都是指针类型数据（其值为地址）。指针数组 p 的第一个值是变量 a 的地址。指针数组中的元素可以使用指向指针的指针来引用。例如：

```
int *(*p);
```

"*"运算符表示 p 是一个指针变量，"*(*p)"表示指向指针的指针。"*"运算符的结合性是从右到左，因此"int *(*p);"可以写成"int **p;"。

指向指针的指针获取指针数组中元素的方法和利用指针获取一维数组中元素的方法相同，如图7.24 所示。

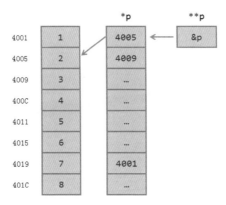

图 7.24 指向指针的指针获取指针数组中的元素

第一次指针的 * 运算获取到的是一个地址值，第二次指针的 * 运算就可以获取到具体值。

7.8 引用

视频讲解

📹 视频讲解：资源包\Video\07\7.8引用.mp4

7.8.1 引用概述

C++ 11 标准中提出了左值引用的概念，如果不做特殊声明，一般认为引用指的都是左值引用。

引用实际上是一种隐式指针，它为对象建立一个别名，通过"&"运算符来实现。"&"是取地址运算符，通过它可以获得地址。

引用的形式如下：

```
数据类型 & 表达式;
```

例如：

```
int a=10;
int & ia=a;
ia=2;
```

上面的代码定义了一个引用变量 ia，它是变量 a 的别名，对 ia 的操作与对 a 的操作完全一样。ia=2 把"2"赋给 a，&ia 返回 a 的地址。执行 ia=2 和执行 a=2 等价。

使用引用的说明如下：

（1）一个 C++ 引用初始化后，无法使用它再去引用另一个对象，它不能被重新约束。

（2）引用变量只是其他对象的别名，对它的操作与对原来对象的操作具有相同的作用。

（3）指针变量与引用的主要区别有两点：一是指针是一种数据类型，而引用不是一种数据类型。指针可以被转换为它所指向的变量的数据类型，以便赋值运算符两边的类型相匹配；而在使用引用时，系统要求引用和变量的数据类型必须相同，不能进行数据类型转换。二是虽然指针变量和引用变量都用来指向其他变量，但指针变量使用的语法要复杂一些；而在定义了引用变量后，其使用方法与使用普通变量相同。

例如：

```
int a;
int *pa = & a;
int & ia=a;
```

（4）引用应该初始化，否则会报错。

例如：

```
int a;
int b;
int &a;
```

编译器会报出"references must be initialized"这样的错误，编译不能通过。

7.8.2 使用引用传递参数

在 C++ 语言中，函数参数的传递方式主要有两种，分别为值传递和引用传递。所谓值传递，是指在函数调用时，将实参的值复制一份传递到调用函数中，这样一来，即使在调用函数中修改了参数的值，其改变也不会影响到实参的值。而引用传递则恰恰相反，函数使用引用方式传递参数，在调用函数中修改了参数的值，其改变会影响到实参。

实例 14　通过引用交换数值　　　　　实例位置：资源包\Code\SL\07\14

```
01  #include <iostream>
02  using namespace std;
03  void swap(int & a,int & b)
04  {
05      int tmp;
06      tmp=a;
07      a=b;
08      b=tmp;
09  }
10  int main()
11  {
12      int x,y;
13      cout << "请输入x" << endl;
14      cin >> x;
15      cout << "请输入y" << endl;
16      cin >> y;
17      cout<<"通过引用交换x和y"<<endl;
18      swap(x,y);
19      cout << "x=" << x <<endl;
20      cout << "y=" << y <<endl;
21  }
```

程序运行结果如图 7.25 所示。

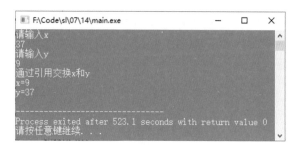

图 7.25 通过引用交换数值

程序中自定义函数 swap，该函数定义了两个引用参数，用户输入两个数值，如果第一次输入的数值比第二次输入的数值小，则调用 swap 函数交换这两个数值。如果使用值传递方式，那么 swap 函数就不能实现交换。

拓展训练

（1）编写一个AddAge函数，该函数的参数为某人的年龄，每调用一次该函数，就使这个人"长一岁"。（资源包\Code\Try\087）
（2）编写一个函数，该函数接收3个整型参数，调用此函数后，3个参数的值会按照从小到大的顺序排列。例如：

```
int a = 3;
int b = 9;
int c = 1;
// 调用函数
sort_three(a,b,c);
// 调用之后
// a = 1, b = 3, c = 9
```

（资源包\Code\Try\088）

7.8.3 使用数组作为函数参数

在函数调用过程中，有时需要传递多个参数。如果传递的参数是同一种类型，则可以通过数组的方式来传递参数。作为参数的数组可以是一维数组，也可以是多维数组。使用数组作为函数参数最典型的就是 main 函数。带参数的 main 函数的形式如下：

```
main(int argc,char *argv[])
```

main 函数中的参数可以获取程序执行时的命令行参数，命令行参数就是在执行应用程序时后面带的参数。例如，在 CMD 控制台执行 dir 命令，可以带上 "/w" 参数，即 "dir /w" 命令，该命令以多列的形式显示文件夹内的文件名。main 函数中的 argc 参数可以获取命令行参数的个数，argv 参数是字符指针数组，可以获取具体的命令行参数。

实例 15　获取命令行参数　　　　　　　　　　　实例位置：资源包\Code\SL\07\15

```
01  #include<iostream>
02  using namespace std;
03  int main(int argc,char *argv[])
04  {
```

```
05      cout << "the list of parameter:" << endl;
06      while(argc>1)
07      {
08          ++argv;
09          cout << *argv << endl;
10          --argc;
11      }
12  }
```

上面的代码在 sample 工程中将生成 main.exe 应用程序，在执行 main.exe 时后面加上参数，程序就会输出命令行参数，如图 7.26 所示。

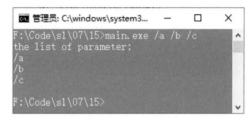

图 7.26 获取命令行参数

程序执行时输入命令行参数 "/a /b /c"，程序执行以后将 3 个命令参数输出，各参数之间以空格隔开，应用程序后有 3 个空格，代表程序有 3 个命令行参数，argc 的值就为 3。

（1）设计一个程序，该程序接收命令行参数，输出 "您好，[输入的参数]"；如果没有参数，则输出 "请输入你的名字："，然后退出程序。（资源包\Code\Try\089）
拓展训练　（2）设计一个程序，该程序接收不定个数的整型参数，输出这些参数的和。（资源包\Code\Try\090）

7.9　小结

指针是 C++ 语言中的难点，它可以控制变量、操作数组、指向函数，所以一定要理解指针的基本用法。本章讲述的都是指针的基本用法，要从概念上区分指针与变量，区分指针与数组首元素。既要学会使用指针传递参数，也要学会使用引用传递参数。

本章 e 学码：关键知识点拓展阅读

const	下标
聚合方式	线性序列
内存数据	指针变量
首地址	

e 学码

第 **8** 章
结构体与共用体

（ ▶ 视频讲解：1 小时 32 分钟）

结构体可以将不同的类型组合在一起形成一种新的类型，这种新的类型是对数据的整合，使代码更加简洁。共用体和结构体很相近，它是一种新的存储空间可变的数据类型，使程序设计更加灵活。枚举类型则是特殊的常量，可以提高代码的可读性；自定义类型更是提高了代码的复用性。

知识框架

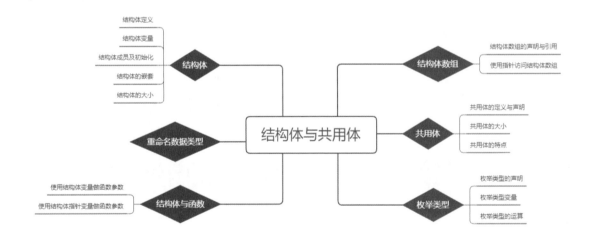

8.1 结构体

▶ 视频讲解：资源包\Video\08\8.1结构体.mp4

视 频 讲 解

8.1.1　结构体定义

整型、字符型、浮点型等这些数据类型只能记录单一的数据，这些数据类型只能被称作基本数据类型。如果要描述一个人的信息，则需要定义多个变量来记录这些信息。例如，身高需要一个变量，体重需要一个变量，姓名需要一个变量，年龄需要一个变量。如果有一种类型可以将这些变量包含在一起，则会大大减少程序代码的离散性，使程序代码更加符合逻辑。结构体则是实现这一功能的类型。

结构体的定义如下：

```
struct 结构体类型名
{
    成员类型 成员名;
    ……
    成员类型 成员名;
};
```

struct 就是定义结构体的关键字。结构体类型名是一个标识符，该标识符代表一个新的变量。结构体使用花括号将成员括起来，每个成员都有自己的类型，成员类型可以是常规的基本类型，也可以是自定义类型，还可以是类类型。

例如：定义一个简单的员工信息的结构体。

```
01  struct PersonInfo
02  {
03      int index;
04      char name[30];
05      short age;
06  };
```

结构体类型名是 PersonInfo，在结构体中定义了 3 个不同类型的变量。这 3 个变量就好像 3 个球被放到了一个盒子里，只要找到这个盒子就能找到这 3 个球。同样，找到名字为 PersonInfo 的结构体，就可以找到结构体中的变量。这 3 个变量的数据类型各不相同，有字符型、整型，分别定义了员工的编号、姓名和年龄。

说明　给结构体下一个定义：结构体就是由多种不同类型的数据组成的数据集合。而数组是相同元素的集合。

8.1.2　结构体变量

结构体是一种构造类型，上面只是定义了结构体，形成一种新的数据类型，还需要使用该数据类型来定义变量。结构体变量有两种声明形式。

第一种形式是在定义结构体后，使用结构体类型名声明。例如：

```
01  struct PersonInfo
02  {
03      int index;
04      char name[30];
```

```
05      short age;
06 };
07 PersonInfo pInfo;
```

第二种形式是在定义结构体时直接声明。例如：

```
01 struct PersonInfo
02 {
03      int index;
04      char name[30];
05      short age;
06 } pInfo;
```

在直接声明结构体变量时，可以声明多个变量。例如：

```
01 struct PersonInfo
02 {
03      int index;
04      char name[30];
05      short age;
06 } pInfo1, pInfo2;
```

8.1.3 结构体成员及初始化

引用结构体成员有两种方式：一种是在声明结构体变量后，通过成员运算符"."引用；另一种是声明结构体指针变量，使用指向运算符"->"引用。

（1）使用成员运算符"."引用结构体成员，一般形式如下：

结构体变量名.成员名

引用到结构体成员后，就可以分别对结构体成员进行赋值了。使用结构体成员就和使用普通变量一样。

下面通过实例来了解如何为结构体成员赋值。

实例 01　为结构体成员赋值　　　　　　　　　实例位置：资源包\Code\SL\08\01

```
01 #include <iostream>
02 #include<string.h>
03 using namespace std;
04 int main()
05 {
06      struct PersonInfo
07      {
08          int index;
09          char name[30];
10          short age;
11      } pInfo;
12      pInfo.index=0;
```

```
13    strcpy(pInfo.name,"张三");
14    pInfo.age=20;
15    cout << pInfo.index << endl;
16    cout << pInfo.name << endl;
17    cout << pInfo.age << endl;
18 }
```

程序运行结果如图 8.1 所示。

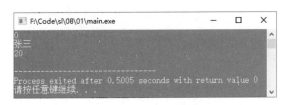

图 8.1　为结构体成员赋值

程序分别引用了结构体的每个成员，然后赋值，其中为字符数组赋值需要使用字符串复制函数 strcpy。在定义结构体时，可以直接对结构体变量赋值。例如：

```
01 struct PersonInfo
02 {
03     int index;
04     char name[30];
05     short age;
06 } pInfo={0,"张三",20};
```

在定义结构体时，可以同时声明结构体指针变量。例如：

```
01 struct PERSONINFO
02 {
03     int index;
04     char name[30];
05     short age;
06 }*pPersonInfo;
```

（2）如果要引用结构体指针变量的成员，则需要使用指向运算符 "->"。一般形式如下：

```
结构体指针变量->成员名
```

例如：

```
01 pPersonInfo-> index
02 pPersonInfo-> name
03 pPersonInfo-> age
```

注意

结构体指针变量只有在初始化后才可以使用。

（1）定义一个表示老师的结构体，结构体的成员有姓名、年龄、教龄；使用该结构体定义一个老师，并赋值，再输出。（**资源包\Code\Try\091**）

（2）定义一个表示汽车的结构体。（**资源包\Code\Try\092**）

8.1.4 结构体的嵌套

在定义好结构体后，就形成一种新的数据类型，C++ 语言在定义结构体时可以声明其他已定义好的结构体变量，也可以在定义结构体时定义子结构体。

（1）在结构体中定义子结构体

```
01  struct PersonInfo
02  {
03      int index;
04      char name[30];
05      short age;
06      struct WorkPlace
07      {
08          char Address[150];
09          char PostCode[30];
10          char GateCode[50];
11          char Street[100];
12          char Area[50];
13      };
14  };
```

（2）在定义结构体时声明其他已定义好的结构体变量

```
01  struct WorkPlace
02  {
03      char Address[150];
04      char PostCode[30];
05      char GateCode[50];
06      char Street[100];
07      char Area[50];
08  };
09  struct PersonInfo
10  {
11      int index;
12      char name[30];
13      short age;
14      WorkPlace myWorkPlace;
15  };
```

通过上面的两种形式都可以实现结构体的嵌套。

8.1.5 结构体的大小

结构体是一种构造数据类型，数据类型都与占用内存多少有关。在没有字符对齐要求或结构体成员对齐单位为 1 的情况下，结构体的大小是在定义结构体时各成员的大小之和。例如 PersonInfo 结构体：

```
01  struct PersonInfo
02  {
03      int index;
04      char name[30];
05      short age;
06  };
```

PersonInfo 结构体的大小是成员 name、index 和 age 的大小之和。name 成员是字符数组，一个字符占 1 字节，name 占 30 字节；index 成员是整型数据，在 32 位系统中占 4 字节；age 是短整型数据，在 32 位系统中占 2 字节。所以，PersonInfo 结构体的大小是 30+4+2=36 字节。

使用 sizeof 运算符获取结构体大小。例如：

```
01  #include <iostream>
02  using namespace std;
03  int main()
04  {
05      struct PersonInfo
06      {
07          int index;
08          char name[30];
09          short age;
10      }pInfo;
11      cout << sizeof(pInfo) <<endl;
12  }
```

程序使用 sizeof 运算符输出的结果仍然是 36。

8.2 重命名数据类型

视频讲解

📹 视频讲解：资源包\Video\08\8.2重命名数据类型.mp4

C++ 语言允许使用 typedef 关键字给数据类型定义一个别名。例如：

```
typedef int flag;              // 给int类型取一个别名
```

这样一来，程序中的 flag 就可以作为 int 类型来使用：

```
flag a;
```

a 实质上是 int 类型数据，此时 int 类型的别名就是 flag。

类或者结构体在声明时使用 typedef：

```
typedef class asdfghj{
    成员列表
}myClass,ClassA;
```

这样就令声明的类拥有 myClass 和 ClassA 两个别名。

typedef 的主要用途如下：

（1）定义很复杂的基本类型名称，例如函数指针 int (*)(int i)。

```
typedef int (*)(int i) pFun;            // 使用pFun代替函数指针int (*)(int i)
```

（2）使用其他人开发的类型时，使它的类型名符合自己的代码习惯（规范）。

typedef 关键字具有作用域，范围是别名声明所在的区域（包括命名空间）。

8.3 结构体与函数

视频讲解

视频讲解：资源包\Video\08\8.3结构体与函数.mp4

结构体类型在 C++ 语言中是可以作为函数参数传递的，可以直接使用结构体变量做函数参数，也可以使用结构体指针变量做函数参数。

8.3.1 使用结构体变量做函数参数

把结构体变量当作普通变量一样作为函数参数，可以减少函数参数的个数，使代码更简洁。

下面通过实例来了解如何使用结构体变量做函数参数进行传递。

实例 02 使用结构体变量做函数参数	实例位置：资源包\Code\SL\08\02

```cpp
01  #include <iostream>
02  #include<string.h>
03  using namespace std;
04  struct PersonInfo                              // 定义结构体
05  {
06      int index;
07      char name[30];
08      short age;
09  };
10  void ShowStructMessage(struct PersonInfo MyInfo)    // 自定义函数，输出结构体变量成员
11  {
12      cout << MyInfo.index << endl;
13      cout << MyInfo.name << endl;
14      cout << MyInfo.age<< endl;
15  }
16  int main()
17  {
18      PersonInfo pInfo;                          // 声明结构体
19      pInfo.index=1;
20      strcpy(pInfo.name,"张三");
21      pInfo.age=20;
22      ShowStructMessage(pInfo);                  // 调用自定义函数
23  }
```

程序运行结果如图 8.2 所示。

图 8.2　使用结构体变量做函数参数

程序自定义函数 ShowStructMessage，该函数使用 PersonInfo 结构体作为参数。如果不使用结构体作为参数，ShowStructMessage 函数需要将 index、name、age 这 3 个成员分别定义为参数。

（1）编写一个printStudent()函数，并定义一个学生结构体，要求这个函数可以输出学生的所有成绩。（资源包\Code\Try\093）

（2）编写一个eat()函数，为该函数传入一个食物结构体参数，输出吃的食物是什么。（资源包\Code\Try\094）

8.3.2　使用结构体指针变量做函数参数

使用结构体指针变量做函数参数时传递的只是地址，减少了在时间和空间上的开销，能够提高程序的运行效率。这种方式在实际应用中效果比较好。

下面通过实例来了解如何使用结构体指针变量做函数参数进行传递。

实例 03　使用结构体指针变量做函数参数　　　　实例位置：资源包\Code\SL\08\03

```cpp
01  #include <iostream>
02  #include<string.h>
03  using namespace std;
04  struct PersonInfo
05  {
06      int index;
07      char name[30];
08      short age;
09  };
10  void ShowStructMessage(struct PersonInfo *pInfo)
11  {
12      cout << pInfo->index << endl;
13      cout << pInfo->name << endl;
14      cout << pInfo->age<< endl;
15  }
16  int main()
17  {
18      PersonInfo pInfo;
19      pInfo.index=1;
20      strcpy(pInfo.name,"张三");
21      pInfo.age=20;
22      ShowStuctMessage(&pInfo);
23  }
```

程序运行结果如图 8.3 所示。

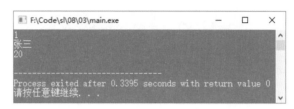

图 8.3 使用结构体指针变量做函数参数

"实例 03"和"实例 02"的程序运行结果相同，但在程序的运行效率上，使用结构体指针变量做函数参数的方式效率高。

拓展训练

（1）定义一个汽车结构体，结构体中包含剩余汽油升数。定义一个加油函数，将汽车作为函数的参数，每执行一次该函数，汽车的剩余汽油升数就会加2。（**资源包\Code\Try\095**）

（2）定义一个代表老师的结构体"struct Teacher"，它有一个成员变量"count"，代表批改过的作业数量；定义一个函数，该函数可以接收一个学生和一个老师作为参数，在该函数中，老师给学生打一个分数，并增加批改过的作业数量。（**资源包\Code\Try\096**）

8.4 结构体数组

视频讲解

📹 视频讲解：资源包\Video\08\8.4结构体数组.mp4

数组的元素也可以是结构体类型的，因此可以构成结构体数组。结构体数组的每一个元素都是具有相同结构体类型的下标结构体变量。

8.4.1 结构体数组的声明与引用

结构体数组可以在定义结构体时声明，也可以使用结构体变量声明，还可以直接声明结构体数组而无须定义结构体名。

（1）在定义结构体时声明结构体数组

```
01  struct PersonInfo
02  {
03      int index;
04      char name[30];
05      short age;
06  }Person[5];
```

（2）使用结构体变量声明结构体数组

```
01  struct PersonInfo
02  {
03      int index;
04      char name[30];
05      short age;
```

```
06 }pInfo;
07 PersonInfo Person[5]
```

（3）直接声明结构体数组

```
01 struct
02 {
03     int index;
04     char name[30];
05     short age;
06 }Person[5];
```

在声明结构体数组时，可以直接对数组进行初始化。

```
01 struct PersonInfo
02 {
03     int index;
04     char name[30];
05     short age;
06 }Person[5]={
07     {1,"张三",20},
08     {2,"李可可",21},
09     {3,"宋桥",22},
10     {4,"元员",22},
11     {5,"王冰冰",22}
12 };
```

说明

当对全部元素做初始化赋值时，也可以不给出数组长度。

8.4.2　使用指针访问结构体数组

指针变量可以指向一个结构体数组，这时结构体指针变量的值是整个结构体数组的首地址。结构体指针变量也可以指向结构体数组的一个元素，这时结构体指针变量的值是该结构体数组元素的首地址。

实例 04　使用指针访问结构体数组　　　　　实例位置：资源包\Code\SL\08\04

```
01 #include <iostream>
02 using namespace std;
03 int main()
04 {
05     struct PersonInfo
06     {
07         int index;
08         char name[30];
09         short age;
```

```
10      }Person[5]={{1,"张三",20},
11                  {2,"李可可",21},
12                  {3,"宋桥",22},
13                  {4,"元员",22},
14                  {5,"王冰冰",22}};
15      struct PersonInfo *pPersonInfo;
16      pPersonInfo=Person;
17      for(int i=0;i<5;i++,pPersonInfo++)
18      {
19          cout << pPersonInfo->index << endl;
20          cout << pPersonInfo->name << endl;
21          cout << pPersonInfo->age << endl;
22      }
23  }
```

程序运行结果如图 8.4 所示。

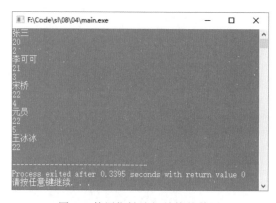

图 8.4 使用指针访问结构体数组

程序的关键在 pPersonInfo++ 的运算上，pPersonInfo 指针开始指向数组的首元素，结构体指针变量自加 1，其结果使 pPersonInfo 指针指向了数组的下一个元素。

拓展训练

（1）定义一个冰箱结构体，它有一个成员类型为"螺丝"的结构体数组，代表这台冰箱上的所有螺丝；编写代码，输出所有螺丝的长度。（资源包\Code\Try\097）

（2）定义一个班级结构体，它有一个成员类型为"学生"的结构体数组，代表这个班级的所有学生；编写代码，输出所有学生的姓名。（资源包\Code\Try\098）

8.5 共用体

视频讲解

📺 视频讲解：资源包\Video\08\8.5共用体.mp4

共用体类型是指将不同的数据项组织为一个整体，它和结构体有些类似，但共用体在内存中占用首地址相同的一段存储单元。因为定义共用体的关键字为 union，中文意思是联合，所以共用体也被称为"联合体"。

8.5.1　共用体的定义与声明

定义共用体的一般形式如下：

```
union  共用体类型名
{
      成员类型  共用体成员名1;
      成员类型  共用体成员名2;
      ......
      成员类型  共用体成员名n;
};
```

union 是定义共用体的关键字；共用体类型名是一个标识符，该标识符以后就是一种新的数据类型；成员类型是常规的数据类型，用来设置共用体成员的存储空间。

声明共用体有以下几种方式。

（1）先定义共用体，再声明共用体变量

```
01  union myUnion
02  {
03      int i;
04      char ch;
05      float f;
06  };
07  myUnion u;     // 声明变量
```

（2）直接在定义共用体时声明共用体变量

```
01  union myUnion
02  {
03      int i;
04      char ch;
05      float f;
06  }u;            // 直接声明变量
```

（3）直接声明共用体变量

```
01  union
02  {
03      int i;
04      char ch;
05      float f;
06  }u;
```

第三种方式省略了共用体类型名，直接声明了变量 u。

引用共用体成员和引用结构体成员的方式相同，也是使用 "." 运算符。例如，引用共用体 u 的成员。

```
u.i
u.ch
u.f
```

上面是对共用体 u 的 3 个成员的引用，但要注意不能引用共用体变量，而只能引用共用体变量中的成员。例如，直接引用 u 是错误的。

8.5.2 共用体的大小

共用体的每个成员分别占用自己的内存单元。共用体变量所占的内存长度等于最长的成员的长度。一个共用体变量不能同时存放多个成员的值，某一时刻只能存放其中一个成员的值，这就是最后赋给它的值。

实例 05　使用共用体变量	实例位置：资源包\Code\SL\08\05

```
01 #include<iostream>
02 using namespace std;
03 union myUnion
04 {
05     int iData;
06     char chData;
07     float fData;
08 }uStruct;
09 int main()
10 {
11     uStruct.chData='A';
12     uStruct.fData=0.3;
13     uStruct.iData=100;
14     cout << uStruct.chData << endl;
15     cout << uStruct.fData << endl;
16     cout << uStruct.iData << endl;        // 正确显示
17     uStruct.iData=100;
18     uStruct.fData=0.3;
19     uStruct.chData='A';
20     cout << uStruct.chData << endl;       // 正确显示
21     cout << uStruct.fData << endl;
22     cout << uStruct.iData << endl;
23     uStruct.iData=100;
24     uStruct.chData='A';
25     uStruct.fData=0.3;
26     cout << uStruct.chData << endl;
27     cout << uStruct.fData << endl;        // 正确显示
28     cout << uStruct.iData << endl;
29     return 0;
30 }
```

程序运行结果如图 8.5 所示。

程序中按不同的顺序为 uStruct 变量的 3 个成员赋值，结果显示只有最后赋值的成员能正确显示。

拓展训练

（1）设计一个玻璃罐头瓶共用体，这个罐头瓶可以装黄桃，也可以装椰子，还可以装山楂，但一次只能装一种水果。（资源包\Code\Try\099）

（2）公司员工下班回家可以坐出租车，也可以坐公交车，还可以坐飞机，设计一个交通工具共用体，让员工进行选择。（资源包\Code\Try\100）

图 8.5　使用共用体变量

8.5.3　共用体的特点

共用体具有以下几个特点：

（1）使用共用体变量的目的是希望用同一个内存段存放几种不同类型的数据，但请注意，在每一瞬间只能存放其中的一种，而不能同时存放几种。

（2）能够访问的是共用体变量中最后一次被赋值的成员，在对一个新的成员赋值后原有的成员就失去作用了。

（3）共用体变量的地址和它的各成员的地址是同一个。

（4）不能对共用体变量名赋值；不能企图引用变量名来得到一个值；不能在定义共用体变量时对它初始化；不能将共用体变量名作为函数参数。

8.6　枚举类型

视频讲解

📹 视频讲解：资源包\Video\08\8.6枚举类型.mp4

枚举就是一一列举的意思，在 C++ 语言中枚举类型是一些标识符的集合。从形式上看，枚举类型就是用花括号将不同的标识符名称放在一起。使用枚举类型声明的变量，其值只能取自花括号内的这些标识符。

8.6.1　枚举类型的声明

枚举类型有两种声明形式。

（1）枚举类型声明的一般形式

```
enum  枚举类型名  {标识符列表};
```

例如：

```
enum  weekday{Sunday,Monday,Tuesday,Wednesday,Thursday,Friday,Saturday};
```

enum 是定义枚举类型的关键字，weekday 是新定义的类型名，花括号内的就是枚举类型变量应取的值。

（2）带赋值的枚举类型声明形式

```
enum   枚举类型名
{
    标识符[=整型常数],
    标识符[=整型常数],
    ......
    标识符[=整型常数],
} 枚举类型变量;
```

例如：

```
enum   weekday{Sunday=0,Monday=1,Tuesday=2,Wednesday=3,Thursday=4,Friday=5,Saturday=6};
```

使用枚举类型的说明如下：

☑ 编译器默认为标识符自动赋整型常数。例如：

```
enum   weekday{Sunday,Monday,Tuesday,Wednesday,Thursday,Friday,Saturday};
enum   weekday{Sunday=0,Monday=1,Tuesday=2,Wednesday=3,Thursday=4,Friday=5,Saturday=6};
```

☑ 可以自行修改整型常数的值。例如：

```
enum   weekday{Sunday=2,Monday=3,Tuesday=4,Wednesday=5,Thursday=0,Friday=1,Saturday=6};
```

☑ 如果只为前几个标识符赋整型常数，那么编译器会为后面的标识符自动累加赋值。例如：

```
enum   weekday{Sunday=7,Monday=1,Tuesday,Wednesday,Thursday,Friday,Saturday};
```

相当于

```
enum   weekday{Sunday=7,Monday=1,Tuesday=2,Wednesday=3,Thursday=4,Friday=5,Saturday=6};
```

8.6.2 枚举类型变量

在声明了枚举类型之后，可以使用枚举类型来定义变量。例如：

```
enum   weekday{Sunday,Monday,Tuesday,Wednesday,Thursday,Friday,Saturday};
[enum] weekday myworkday;
```

myworkday 是 weekday 的变量。在 C 语言中，枚举类型名包括关键字 enum，而在 C++ 语言中，允许不写 enum 关键字。

使用枚举类型变量的说明如下：

（1）枚举类型变量的值只能是 Sunday 到 Saturday 之一。例如：

```
myworkday = Tuesday;
myworkday = Saturday;
```

（2）一个整数不能被直接赋给枚举类型变量。例如：

```
enum weekday{Sunday=7,Monday=1,Tuesday,Wednesday,Thursday,Friday,Saturday};
enum weekday day;
```

在上面的代码中，如果给 day 赋值，则使用 day=3; 是错误的，而应该使用 day=(enum weekday)3;，其等价于 day=Wednesday;。

虽然不能直接为枚举类型变量赋值整数，但是可以通过强制类型转换，将整数转换为合适的枚举值。

（3）在定义枚举类型的同时可以直接定义变量。例如：

```
enum{sun，mon，tue，wed，thu，fri，sat} workday,week_end;
```

8.6.3 枚举类型的运算

枚举值相当于整型变量，可以使用枚举值来进行一些运算。枚举值可以和整型变量一起比较，枚举值之间也可以进行比较。

实例 06 枚举值的比较运算	实例位置：资源包\Code\SL\08\06

```cpp
01  #include <iostream>
02  using namespace std;
03  enum Weekday {Sunday,Monday,Tuesday,Wednesday,Thursday,Friday,Saturday};
04  int main()
05  {
06      Weekday day1,day2;
07      day1=Monday;
08      day2=Saturday;
09      int n;
10      n=day1;
11      n=day2+1;
12      if(n>day1)              // 可以比较
13          cout << "n>day1" <<endl;
14      if(day1<day2)
15          cout << "day1<day2" <<endl;
16  }
```

程序运行结果如图 8.6 所示。

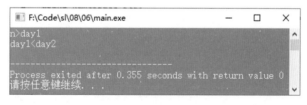

图 8.6 枚举值的比较运算

程序进行了变量 n 和枚举类型变量 day1 之间的比较，以及枚举类型变量 day1 和 day2 之间的比较。

（1）定义枚举类型"季节"的一个变量，并赋一个值，然后使用switch...case语句判断季节，如果是夏天，则输出"现在是夏季"。（资源包\Code\Try\101）

（2）定义十二生肖枚举类型，判断任意两个生肖谁排在前，谁排在后。（资源包\Code\Try\102）

8.7 小结

　　本章主要介绍了结构体和共用体两种构造数据类型、自定义类型和枚举类型。使用 C 语言开发的程序一般都大量使用结构体，而在 C++ 语言中更是增加了结构体的功能，在程序设计阶段应多将关联紧密的数据组合成一个结构体，以便于阅读及二次开发。

本章 e 学码：关键知识点拓展阅读

"->" 运算符	结构体
typedef	枚举
构造类型	

第9章
面向对象编程基础

（ ▶ 视频讲解：39 分钟）

面向对象编程可以有效解决代码复用问题。面向对象编程不同于以往的面向过程编程，面向过程编程需要将功能细分，而面向对象编程需要将不同的功能抽象到一起。本章将通过具体的 UML 建模来介绍面向对象编程思想，通过对一个程序的前期分析来了解如何进行面向对象编程。

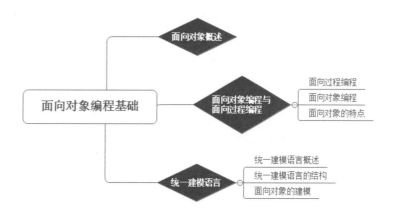

9.1 面向对象概述

▶ 视频讲解：资源包\Video\09\9.1面向对象概述.mp4

面向对象（Object Oriented，OO）是一种设计思想，现在这种思想已经不单应用在软件设计上，数据库设计、计算机辅助设计（CAD）、网络结构设计、人工智能算法设计等领域也都开始应用这种思想。

面向对象中的对象（Object），指的是客观世界中存在的对象，这个对象具有唯一性，对象之间各不相同，各有各的特点，每一个对象都有自己的运动规律和内部状态。对象与对象之间又是可以相互联系、相互作用的。概括地讲，面向对象技术是一种从组织结构上模拟客观世界的方法。

针对面向对象思想应用的不同领域，面向对象又可以分为面向对象分析（Object Oriented Analysis，OOA）、面向对象设计（Object Oriented Design，OOD）、面向对象编程（Object Oriented Programming，OOP）、面向对象测试（Object Oriented Test，OOT）和面向对象维护（Object Oriented Soft Maintenance，OOSM）。

客观世界中的任何一个事物都可以被看成一个对象，每个对象都有属性和行为两个要素。属性就是对象的内部状态及自身的特点，行为就是改变自身状态的动作。

面向对象中的对象也可以是一个抽象的事物，可以从类似的事物中抽象出一个对象。例如圆形、正方形、三角形，可以抽象出的对象是简单图形，简单图形就是一个对象，它有自己的属性和行为，图形中边的个数是它的属性，图形的面积也是它的属性，输出图形的面积就是它的行为。

面向对象有三大特征，即封装、继承和多态。

（1）封装

封装有两个作用，其中一个作用是将不同的小对象封装成一个大对象，另一个作用是把一部分内部属性和功能对外界屏蔽。例如一辆汽车，它是一个大对象，它由发动机、底盘、车身和轮子等这些小对象组成。在设计时，可以先对这些小对象进行设计，然后小对象之间通过相互联系确定各自大小等方面的属性，最后就可以组装成一辆汽车。

（2）继承

继承是一个和类密切相关的概念。继承性是子类自动共享父类的数据结构和方法的机制，这是类之间的一种关系。在定义和实现一个类时，可以在一个已经存在的类的基础上进行，把这个已经存在的类所定义的内容作为自己的内容，并加入若干新的内容。

在类层次中，子类只继承一个父类的数据结构和方法，称为单重继承。如果子类继承了多个父类的数据结构和方法，则称为多重继承。

在软件开发中，类的继承性使所建立的软件具有开放性、可扩展性，这是信息组织与分类行之有效的方法，它简化了对象、类的创建工作，提高了代码的可复用性。

继承是面向对象程序设计语言不同于其他语言的最重要特征，是其他语言所没有的。通过继承，使公共的特性能够共享，提高了软件的可复用性。

（3）多态

多态是指相同的行为可作用于多种类型的对象并获得不同的结果。不同的对象，收到同一消息可以产生不同的结果，这种现象称为多态性。多态性允许每个对象都以适合自身的方式去响应共同的消息。

9.2 面向对象编程与面向过程编程

视频讲解：资源包\Video\09\9.2面向对象编程与面向过程编程.mp4

9.2.1 面向过程编程

面向过程编程的主要思想是先做什么后做什么，在一个过程中实现特定的功能。一个大的实现过程还可以分成多个模块，每个模块可以按功能进行划分，然后组合在一起实现特定的功能。在面向过程编程中，程序模块可以是一个函数，也可以是整个源文件。

面向过程编程主要以数据为中心，传统的面向过程的功能分解法属于结构化分析方法。分析者将对象系统的现实世界看作一个大的处理系统，然后将其分解为若干个子处理过程，解决了系统的总体控制问题。在分析过程中，用数据描述各个子处理过程之间的联系，整理各个子处理过程的执行顺序。

面向过程编程的一般流程如下：

现实世界→面向过程建模（流程图、变量、函数）→面向过程语言→执行求解

面向过程编程的软件可复用性和软件可维护性都比较差，软件不能满足用户需求。

（1）软件可复用性差

可复用性是指同一事物不经修改或稍加修改就可多次重复使用的性质。软件的可复用性是软件工程追求的目标之一。处理不同的过程有不同的结构，当过程发生改变时，结构也需要改变，前期开发的代码无法得到充分的再利用。

（2）软件可维护性差

软件工程强调软件的可维护性，强调文档资料的重要性，规定最终的软件产品应该由完整、一致的配置成分组成。在软件开发过程中，始终强调软件的可读性、可修改性和可测试性是软件的重要质量指标。面向过程编程由于软件的可复用性差，造成维护时费用很高，而且大量修改的代码存在许多未知的漏洞。

（3）软件不能满足用户需求

大型软件系统一般涉及各种不同领域的知识，面向过程编程往往描述软件最底层的，针对不同领域设计的不同结构及处理机制，当用户需求发生变化时，就要修改最底层的结构。当用户需求变化较大时，面向过程编程将无法修改，可能导致软件的重新开发。

9.2.2 面向对象编程

面向过程编程有费解的数据结构、复杂的组合逻辑、详细的过程和数据之间的关系、高深的算法，面向过程开发的程序可以被描述成"算法＋数据结构"。面向过程开发是分析过程与数据之间的边界在哪里，进而解决问题。面向对象则从另一个角度思考，将编程思维设计成符合人的思维逻辑。

面向对象程序设计者的任务包括两个方面：一是设计所需的各种类和对象，即决定把哪些数据和操作封装在一起；二是考虑怎样向有关对象发送消息，以完成相关任务。这时他如同一个总调度师，不断地向各个对象发出命令，让这些对象活动起来（或者说激活这些对象），以完成自己职责范围内的工作。

各个对象的操作完成了，整体任务也就完成了。显然，对于一个大型任务来说，面向对象程序设计方法是十分有效的，它能大大降低程序设计人员的工作难度，减少出错的机会。

面向对象开发的程序可以被描述成"对象＋消息"。面向对象编程的一般流程如下：

现实世界→面向对象建模（类图、对象、方法）→面向对象语言→执行求解

9.2.3 面向对象的特点

面向对象技术充分体现了分解、抽象、模块化、信息隐藏等思想，可以有效提高软件生产率，缩短软件开发时间，提高软件质量，是控制复杂度的有效途径。

面向对象不仅适合普通人员，也适合经理人员。例如，降低维护开销的技术可以释放管理者的资源，将其投入到待处理的应用中。在经理人员看来，面向对象不是纯技术的，它既能给企业的组织也能给经理的工作带来变化。

如果一个企业采纳了面向对象技术，那么其组织将发生变化。类的复用需要类库和类库管理人员，每个程序员都要加入两个组中的一个组：一个是设计和编写新类组，另一个是应用类创建新应用程序组。面向对象不太强调编程，需求分析相对地变得更加重要。

面向对象编程主要有代码容易修改、代码可复用性高、满足用户需求 3 个特点。

（1）代码容易修改

面向对象编程的代码都被封装在类里面，如果类的某个属性发生变化，那么只需要修改类中成员函数的实现即可，其他程序函数不会发生改变。如果类中的属性变化较大，则使用继承的方法重新派生新类。

（2）代码可复用性高

面向对象编程的类都是具有特定功能的封装，如果需要使用类中特定的功能，那么只需要声明该类并调用其成员函数即可。如果所需要的功能在不同的类中，则还可以进行多重继承，将不同类的成员封装到一个类中。功能的实现可以像积木一样随意组合，大大提高了代码的可复用性。

（3）满足用户需求

由于面向对象编程的代码可复用性高，当用户的需求发生变化时，只需要修改发生变化的类即可。如果用户的需求变化较大，那么就对类进行重新封装，将变化大的类重新开发，而功能没有发生变化的类可以直接拿来使用。面向对象编程可以及时地响应用户需求的变化。

9.3 统一建模语言

视频讲解

📹 视频讲解：资源包\Video\09\9.3统一建模语言.mp4

9.3.1 统一建模语言概述

模型是用某种工具对同类或其他工具的表达方式，是系统语义的完整抽象。模型可以被分解为包的层次结构，最外层的包对应于整个系统。模型的内容是从顶层的包到模型元素的包所含关系的闭包。

模型可以用于捕获精确地表达项目的需求和应用领域中的知识，以使各方面的利益相关者能够相互理解并达成一致。

统一建模语言（UML）是一种直观化、明确化、构建和文档化软件系统产物的通用可视化建模语言。UML 记录了与被构建系统有关的决定和理解，可用于理解、设计、浏览、配置和控制系统的信息。UML 的应用贯穿于系统开发的需求分析、系统分析、设计、构造、测试 5 个阶段，它包括概念的语义、表示法和说明，提供了静态、动态、系统环境及组织结构的模型。建模语言是一种图形化的文档描述性语言，解决的核心问题是沟通障碍，而 UML 是总结了以往建模技术的经验并吸收了当今优秀成果的标准建模方法。

9.3.2 统一建模语言的结构

UML 由图和元模型共同组成，其中图是 UML 的语法，而元模型是给出的图的意思，它是 UML 的语义。UML 的语义被定义在一个 4 层抽象级建模概念框架中，这 4 层结构分别是：

☑ 元介质模型层。该层描述基本的类型、属性、关系，这些元素都用于定义 UML 的元模型。元介质模型强调用少数功能较强的模型成分来组合表达复杂的语义。每一个方法和技术都应该在相对独立的抽象层次上。

☑ 元模型层。该层组成了 UML 的基本元素，包括面向对象和面向组件的概念。这一层中的每个概念都是元介质模型中"事物"概念的实例。

☑ 模型层。该层组成了 UML 的模型。这一层中的每个概念都是元模型层中概念的一个实例。这一层的模型通常叫作类模型或类型模型。

☑ 用户模型层。该层中的所有元素都是 UML 模型的实例。这一层中的每个概念都是模型层的一个实例，也是元模型层的一个实例。这一层的模型通常叫作对象模型或实例模型。

UML 使用模型来描述系统的结构或静态特征，以及行为或动态特征，它通过不同的视图来体现行为或动态特征。常用的视图有以下几种：

（1）用例视图

该视图强调以从用户的角度所看到的或所需要的系统功能为出发点建模。这种视图有时也被称为用户模型视图。

（2）逻辑视图

该视图用于展现系统的静态特征和结构组成。这种视图也被称为结构模型视图或静态视图。

（3）并发视图

该视图体现了系统的行为或动态特征。这种视图也被称为行为模型视图、过程视图、写作视图或者动态视图。

（4）组件视图

该视图体现了系统实现的结构和行为特征。这种视图有时也被称为模型实现视图。

（5）开发视图

该视图体现了系统实现环境的结构和行为特征。这种视图也被称为物理视图。

UML 的视图是由一个或多个图组成的。一个图体现了一个系统架构的某个功能，所有的图一起组成了系统的完整视图。UML 提供了 9 种不同的图，分别是用例图、类图、对象图、组件图、配置图、序列图、写作图、状态图和活动图。

活动图示例如图 9.1 所示。

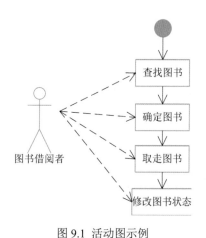

图 9.1 活动图示例

一个图书借阅者使用图书管理系统先查找图书，然后确定想要的图书，接下来取走图书，最后查询和修改图书在系统中的状态。

UML 除了提供 9 种视图，还提供了包图和交互图。包图示例如图 9.2 所示。

图书管理系统中的查询子系统包括了查询抽象类包、通过书名查询包、通过作者查询包。通过书名查询包和通过作者查询包都派生于查询抽象类包，并且都调用其他子系统下的数据库包。

包图描述了类的结构，交互图则描述了类对象的交互步骤。交互图示例如图 9.3 所示。

图 9.3 中演示的是建立连接动作对象和连接对象的交互过程。首先发送"创建连接对象"消息，当连接对象创建完成后，返回"连接建立消息"给建立连接动作对象。

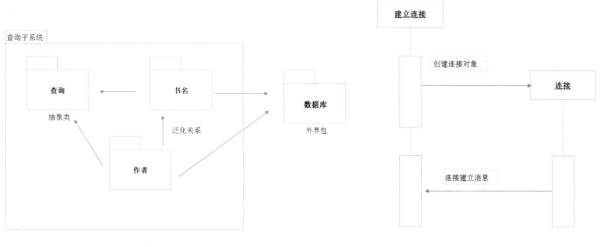

图 9.2 包图示例　　　　　　　　　　　　图 9.3 交互图示例

9.3.3 面向对象的建模

面向对象的建模是一种新的思维方式，是一种关于计算机和信息结构化的新思维。面向对象的建模，就是把系统看作相互协作的对象，这些对象是结构和行为的封装，都属于某个类，那些类具有某种层次结构。系统的所有功能都通过对象之间相互发送消息来获得。面向对象的建模可以被视为一个包含以下元素的概念框架：抽象、封装、模块化、层次、分类、并行、稳定性、可复用性和可扩展性。

9.4 小结

了解面向对象编程与面向过程编程的区别可以更好地理解面向对象编程，面向对象编程需要通过好的模型才能发挥其优点，而好的模型需要大量的代码积累和反复测试才能形成。读者可以通过本章了解面向对象编程的思路，以及使用 UML 来描述编程思路，掌握面向对象编程的方法。

本章 e 学码：关键知识点拓展阅读

UML 建模	模块化
抽象	软件设计
计算机辅助设计	

e 学码

第**10**章
类和对象

(▶ 视频讲解：3 小时 17 分钟)

本章概览

使用 C++ 语言既可以开发面向过程的应用程序，也可以开发面向对象的应用程序。类是对象的实现，面向对象中的类是一个抽象的概念，它实质上是程序中一类对象的总称，使用类定义的对象既可以是现实生活中的真实对象，也可以是从现实生活中抽象出来的对象。

知识框架

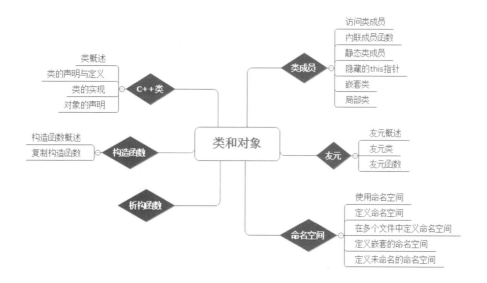

10.1 C++ 类

📹 视频讲解：资源包\Video\10\10.1C++类.mp4

10.1.1 类概述

面向对象中的对象需要通过定义类来声明。"对象"是一种形象的说法，在程序中是通过定义类来实现对象的。

C++ 类不同于汉语中的类、分类、类型，它是一个特殊的概念，可以对同一类型事物进行抽象处理，它也可以是一个层次结构中的不同层次节点。例如，将客观世界看成一个 Object 类，动物是客观世界中的一小部分，定义为 Animal 类；狗是一种哺乳动物，是动物的一类，定义为 Dog 类；鱼也是一种动物，定义为 Fish 类。类的层次关系如图 10.1 所示。

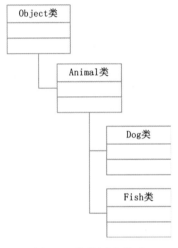

图 10.1 类的层次关系

类是一种新的数据类型，它和结构体有些相似，是由不同的数据类型组成的集合体，但类比结构体增加了操作数据的行为，这个行为就是函数。

10.1.2 类的声明与定义

在 10.1.1 节中已经对类的概念进行了说明，可以看出，类是用户自己指定的类型。如果在程序中要用到类这种类型，则必须自己根据需要进行声明，或者使用别人设计好的类。下面来看一下如何设计一个类。

类的声明格式如下：

```
class 类名标识符
{
[public:]
[数据成员的声明]
[成员函数的声明]
[private:]
[数据成员的声明]
[成员函数的声明]
[protected:]
```

```
[数据成员的声明]
[成员函数的声明]
};
```

对类的声明格式说明如下：

☑ class 是定义类结构体的关键字，花括号内被称为类体或类空间。

☑ 类名标识符指定的就是类名，通过类名可以声明对象。

☑ 类的成员有函数和数据两种。

☑ 花括号内是定义和声明类成员的地方，关键字 public、private、protected 是类成员访问控制修饰符。

类中数据成员的类型可以是任意的，如整型、浮点型、字符型、数组、指针和引用等，也可以是对象。一个类的对象可以作为另一个类的成员，但是一个类的成员不可以是自身类的对象，而自身类的指针或引用又是可以作为该类的成员的。

注意　　在定义类结构体和结构体时，花括号后面要有分号。

例如，下面给出一个员工信息类的声明：

```
01  class CPerson
02  {
03      /*数据成员*/
04      int m_iIndex;                      // 声明数据成员
05      char m_cName[25];                  // 声明数据成员
06      short m_shAge;                     // 声明数据成员
07      double m_dSalary;                  // 声明数据成员
08      /*成员函数*/
09      short getAge();                    // 声明成员函数
10      int setAge(short sAge);            // 声明成员函数
11      int getIndex();                    // 声明成员函数
12      int setIndex(int iIndex);          // 声明成员函数
13      char* getName();                   // 声明成员函数
14      int setName(char cName[25]);       // 声明成员函数
15      double getSalary();                // 声明成员函数
16      int setSalary(double dSalary);     // 声明成员函数
17  };
```

在代码中，class 关键字是用来定义类这种类型的，CPerson 是定义的员工信息类的名称，花括号中包含了 4 个数据成员（表示 CPerson 类的属性）和 8 个成员函数（表示 CPerson 类的行为）。

10.1.3 类的实现

10.1.2 节的例子只是在 CPerson 类中声明了类的成员。然而，要使用这个类的成员函数，还要对其定义具体的操作。下面介绍如何定义类的成员函数。

（1）将类的成员函数定义在类体内。

以下代码在 Person.h 头文件内，类的成员函数都被定义在类体内。

```
01  #include <stdio.h>
02  #include <stdlib.h>
03  #include <string.h>
04  class CPerson
05  {
06  public:
07      // 数据成员
08      int m_iIndex;
09      char m_cName[25];
10      short m_shAge;
11      double m_dSalary;
12      // 成员函数
13      short getAge() { return m_shAge; }
14      int setAge(short sAge)
15      {
16          m_shAge=sAge;
17          return 0;                          // 执行成功，返回0
18      }
19      int getIndex() { return m_iIndex; }
20      int setIndex(int iIndex)
21      {
22          m_iIndex=iIndex;
23          return 0;                          // 执行成功，返回0
24      }
25      char* getName()
26      { return m_cName; }
27      int setName(char cName[25])
28      {
29          strcpy(m_cName,cName);
30          return 0;                          // 执行成功，返回0
31      }
32      double getSalary() { return m_dSalary; }
33      int setSalary(double dSalary)
34      {
35          m_dSalary=dSalary;
36          return 0;                          // 执行成功，返回0
37      }
38  };
```

（2）将类体内的成员函数的实现放在类体外。

如果将类的成员定义在类体外，则需要用到作用域运算符 "::"，在类体内和类体外效果是一样的。

```
01  #include <stdio.h>
02  #include <stdlib.h>
03  #include <string.h>
04  class CPerson
05  {
06  public:
07      // 数据成员
08      int m_iIndex;
```

```
09      char m_cName[25];
10      short m_shAge;
11      double m_dSalary;
12      // 成员函数
13      short getAge();
14      int setAge(short sAge);
15      int getIndex() ;
16      int setIndex(int iIndex);
17      char* getName() ;
18      int setName(char cName[25]);
19      double getSalary() ;
20      int setSalary(double dSalary);
21 };
22 // 类成员函数的实现部分
23 short CPerson::getAge()
24 {
25      return m_shAge;
26 }
27 int CPerson::setAge(short sAge)
28 {
29      m_shAge=sAge;
30      return 0;                               // 执行成功, 返回0
31 }
32 int CPerson::getIndex()
33 {
34      return m_iIndex;
35 }
36 int CPerson::setIndex(int iIndex)
37 {
38      m_iIndex=iIndex;
39      return 0;                               // 执行成功, 返回0
40 }
41 char* CPerson::getName()
42 {
43      return m_cName;
44 }
45 int CPerson::setName(char cName[25])
46 {
47      strcpy(m_cName,cName);
48      return 0;                               // 执行成功, 返回0
49 }
50 double CPerson::getSalary()
51 {
52      return m_dSalary;
53 }
54 int CPerson::setSalary(double dSalary)
55 {
56      m_dSalary=dSalary;
57      return 0;                               // 执行成功, 返回0
58 }
```

上面两种方式都是将代码存储在同一个文件内。使用 C++ 语言还可以实现将函数的声明和函数的实现放在不同的文件内，一般将函数的声明放在头文件内，将函数的实现放在实现文件内。同样，可以将类的定义放在头文件内，将类成员函数的实现放在实现文件内。存放类的头文件和实现文件的文件名最好和类名相同或相似。例如，将 CPerson 类的声明部分放在 Person.h 头文件内，代码如下：

```cpp
01 #include <stdio.h>
02 #include <stdlib.h>
03 #include <string.h>
04 class CPerson
05 {
06 public:
07     // 数据成员
08     int m_iIndex;
09     char m_cName[25];
10     short m_shAge;
11     double m_dSalary;
12     // 成员函数
13     short getAge();
14     int setAge(short sAge);
15     int getIndex() ;
16     int setIndex(int iIndex);
17     char* getName() ;
18     int setName(char cName[25]);
19     double getSalary() ;
20     int setSalary(double dSalary);
21 };
```

将 CPerson 类的实现部分放在 Person.cpp 文件内，代码如下：

```cpp
01 #include "Person.h"
02 // 类成员函数的实现部分
03 short CPerson::getAge()
04 {
05     return m_shAge;
06 }
07 int CPerson::setAge(short sAge)
08 {
09     m_shAge=sAge;
10     return 0;                        // 执行成功，返回0
11 }
12 int CPerson::getIndex()
13 {
14     return m_iIndex;
15 }
16 int CPerson::setIndex(int iIndex)
17 {
18     m_iIndex=iIndex;
19     return 0;                        // 执行成功，返回0
20 }
21 char* CPerson::getName()
```

```
22 {
23     return m_cName;
24 }
25 int CPerson::setName(char cName[25])
26 {
27     strcpy(m_cName,cName);
28     return 0;                                // 执行成功，返回0
29 }
30 double CPerson::getSalary()
31 {
32     return m_dSalary;
33 }
34 int CPerson::setSalary(double dSalary)
35 {
36     m_dSalary=dSalary;
37     return 0;                                // 执行成功，返回0
38 }
```

此时，整个工程的所有文件如图 10.2 所示。

图 10.2　整个工程的所有文件

关于类的实现有如下两点说明。

（1）类的数据成员需要初始化，还要为成员函数添加实现代码。类的数据成员不可以在类的声明中初始化。

（2）空类是 C++ 语言中最简单的类，其声明形式如下：

```
class CPerson{ };
```

空类只是起到占位的作用，在需要的时候再定义类的成员及实现。

10.1.4　对象的声明

在定义了一个新类后，就可以通过类名来声明对象了。声明形式如下：

```
类名 对象名称表
```

类名是定义好的新类的标识符；对象名称表中包括一个或多个对象的名称，如果声明的是多个对象，则使用逗号运算符分隔对象名称。

例如，声明一个对象如下：

```
CPerson p;
```

声明多个对象如下：

```
CPerson p1,p2,p3;
```

声明完对象后就可以引用对象了，引用对象有两种方式，其中一种是成员引用方式，另一种是对象指针方式。

（1）成员引用方式。

成员变量引用的形式如下：

```
对象名称.成员名称
```

这里的"."是一个运算符，该运算符的功能是表示对象的成员。

成员函数引用的形式如下：

```
对象名称.成员名称（参数表）
```

例如：

```
CPerson p;
p.m_iIndex;
```

（2）对象指针方式。

对象声明形式中的对象名称表，除了包括使用逗号运算符分隔的多个对象名称，还可以包括对象名称数组、对象名称指针和引用形式的对象名称。

例如，声明一个对象指针如下：

```
CPerson *p;
```

但要想使用对象的成员，则需要使用"->"运算符，它是表示成员的运算符，与"."运算符的含义相同。"->"用于表示对象指针所指向的成员，对象指针就是指向对象的指针。例如：

```
CPerson *p;
p->m_iIndex;
```

下面的对象数据成员的两种表示形式是等价的：

```
对象指针名称->数据成员
```

与

```
(*对象指针名称).数据成员
```

同样，下面的成员函数的两种表示形式也是等价的：

```
对象指针名称->成员名称（参数表）
```

与

```
(*对象指针名称).成员名称（参数表）
```

例如：

```
CPerson *p;
(*p).m_iIndex;                           // 对类中的成员进行引用
p->m_iIndex;                             // 对类中的成员进行引用
```

实例 01　对象的引用　　　　　　　　　　　　　实例位置：资源包\Code\SL\10\01

在本实例中，利用前文声明的类定义对象，然后使用该对象引用类的成员。

```
01  #include <iostream.h>
02  #include "Person.h"
03  #include "Person.cpp"
04  using namespace std;
05  int main()
06  {
07      int iResult=-1;
08      CPerson p;
09      iResult=p.setAge(25);
10      if(iResult>=0)
11          cout << "m_shAge is:" << p.getAge() << endl;
12      iResult=p.setIndex(0);
13      if(iResult>=0)
14          cout << "m_iIndex is:" << p.getIndex() << endl;
15      char bufTemp[]="Mary";
16      iResult=p.setName(bufTemp);
17      if(iResult>=0)
18          cout << "m_cName is:" << p.getName() << endl;
19      iResult=p.setSalary(1700.25);
20      if(iResult>=0)
21          cout << "m_dSalary is:" << p.getSalary() << endl;
22  }
```

在程序中可以看到，首先使用 CPerson 类定义对象 p，然后使用 p 引用类中的成员函数。

p.setAge(25) 引用类中的 setAge 成员函数，将参数中的数据赋给数据成员，设置对象的属性。将该函数的返回值赋给 iResult 变量，通过 iResult 变量值判断 setAge 函数为数据成员赋值是否成功。如果成功，则再使用 p.getAge() 得到赋值的数据，然后将其输出显示。

接下来，使用对象 p 依次引用 setIndex、setName 和 setSalary 成员函数，然后通过对 iResult 变量值的判断，决定是否引用 getIndex、getName 和 getSalary 成员函数。

拓展训练

（1）声明一个用户账户类，用于保存用户的账户名称和密码，使用引用对成员变量进行赋值。（资源包\Code\Try\103）

（2）声明一个学生类"CStudent"，定义一个该类型的变量，使用引用对成员变量进行赋值，输出学生类成员的值。（资源包\Code\Try\104）

10.2　构造函数

视频讲解

▶ 视频讲解：资源包\Video\10\10.2构造函数.mp4

10.2.1 构造函数概述

当类的实例进入其作用域，也就是建立一个对象时，就会调用构造函数。那么，构造函数的作用是什么呢？当建立一个对象时，常常需要做某些初始化工作，例如，对数据成员赋值，设置类的属性等，而这些操作刚好在构造函数中完成。

前文介绍过结构体相关知识，在对结构体进行初始化时，可以使用下面的方法。例如：

```
01  struct PersonInfo
02  {
03      int index;
04      char name[30];
05      short age;
06  };
07  void InitStruct()
08  {
09      PersonInfo p={1,"mr",22};
10  }
```

但是类不能像结构体一样初始化，其构造函数如下：

```
01  class CPerson
02  {
03      public:
04      CPerson();              // 构造函数
05      int m_iIndex;
06      int getIndex();
07  };
08  // 构造函数
09  CPerson::CPerson()
10  {
11      m_iIndex=10;
12  }
```

CPerson() 是默认构造函数，即使不显式地写上函数的声明，也是可以的。

构造函数是可以有参数的，修改上面的代码，使构造函数带参数。例如：

```
01  class CPerson
02  {
03      public:
04      CPerson(int iIndex);         // 构造函数
05      int m_iIndex;
06      int setIndex(int iIndex);
07  };
08  // 构造函数
09  CPerson::CPerson(int iIndex)
10  {
11      m_iIndex= iIndex;
12  }
```

10.2.2 复制构造函数

在开发程序时可能需要保存对象的副本，以便在后面执行的过程中恢复对象的状态。那么，如何使用已经初始化的对象来生成一个一模一样的对象呢？答案是使用复制构造函数来实现。复制构造函数的参数是一个已经初始化的类对象。

实例 02　使用复制构造函数	实例位置：资源包\Code\SL\10\02

在 Person.h 头文件中声明和定义类。代码如下：

```
01  class CPerson
02  {
03      public:
04      CPerson(int iIndex,short shAge,double dSalary);    // 构造函数
05      CPerson(CPerson & copyPerson);                     // 复制构造函数
06      int m_iIndex;
07      short m_shAge;
08      double m_dSalary;
09      int getIndex();
10      short getAge();
11      double getSalary() ;
12  };
13  // 构造函数
14  CPerson::CPerson(int iIndex,short shAge,double dSalary)
15  {
16      m_iIndex=iIndex;
17      m_shAge=shAge;
18      m_dSalary=dSalary;
19  }
20  // 复制构造函数
21  CPerson::CPerson(CPerson & copyPerson)
22  {
23      m_iIndex=copyPerson.m_iIndex;
24      m_shAge=copyPerson.m_shAge;
25      m_dSalary=copyPerson.m_dSalary;
26  }
27  short CPerson::getAge()
28  {
29      return m_shAge;
30  }
31  int CPerson::getIndex()
32  {
33      return m_iIndex;
34  }
35  double CPerson::getSalary()
36  {
37      return m_dSalary;
38  }
```

在主程序文件中实现类对象的调用，代码如下：

```
01  #include <iostream>
02  #include "Person.h"
03  using namespace std;
04  int main()
05  {
06      CPerson p1(20,30,100);
07      CPerson p2(p1);
08      cout << "m_iIndex of p1 is:" << p2.getIndex() << endl;
09      cout << "m_shAge of p1 is:" << p2.getAge() << endl;
10      cout << "m_dSalary of p1 is:" << p2.getSalary() << endl;
11      cout << "m_iIndex of p2 is:" << p2.getIndex() << endl;
12      cout << "m_shAge of p2 is:" << p2.getAge() << endl;
13      cout << "m_dSalary of p2 is:" << p2.getSalary() << endl;
14  }
```

程序运行结果如图 10.3 所示。

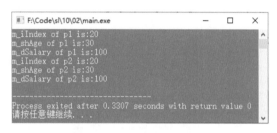

图 10.3 使用复制构造函数

程序中先使用带参数的构造函数声明对象 p1，然后通过复制构造函数声明对象 p2。因为 p1 已经是初始化完成的类对象，所以它可以作为复制构造函数的参数。通过输出结果可以看出，两个对象是相同的。

（1）声明一个图书类，在此类中设计复制构造函数。（资源包\Code\Try\105）

（2）声明一个图书类型的指针变量p，动态申请内存并初始化；再定义一个st变量，在定义时，使用指针变量p初始化st；释放指针变量p的内存，然后输出st变量的各个成员变量的值。（资源包\Code\Try\106）

拓展训练

10.3 析构函数

视频讲解

▶ 视频讲解：资源包\Video\10\10.3析构函数.mp4

构造函数和析构函数是类体定义中比较特殊的两个成员函数，因为它们都没有返回值，而且构造函数名标识符和类名标识符相同，析构函数名标识符就是在类名标识符的前面加上"~"符号。

构造函数主要用来在创建对象时，给对象中的一些数据成员赋值，目的就是初始化对象。析构函数是用来释放对象的，在删除对象前，用它来做一些清理工作。析构函数的功能与构造函数的功能正好相反。

实例 03 使用析构函数 实例位置：资源包\Code\SL\10\03

在 Person.h 头文件中声明和定义类。代码如下：

```cpp
01 #include <iostream>
02 #include <string.h>
03 using namespace std;
04 class CPerson
05 {
06 public:
07     CPerson();
08     ~CPerson();     // 析构函数
09     char* m_pMessage;
10     void ShowStartMessage();
11     void ShowFrameMessage();
12 };
13 CPerson::CPerson()
14 {
15     m_pMessage = new char[2048];
16 }
17 void CPerson::ShowStartMessage()
18 {
19     strcpy(m_pMessage,"Welcome to MR");
20     cout << m_pMessage << endl;
21 }
22 void CPerson::ShowFrameMessage()
23 {
24     strcpy(m_pMessage,"*************");
25     cout << m_pMessage << endl;
26 }
27 CPerson::~CPerson()
28 {
29     delete[] m_pMessage;
30 }
```

在主程序文件中实现类对象的调用，代码如下：

```cpp
01 #include <iostream>
02 using namespace std;
03 #include "Person.h"
04 int main()
05 {
06     CPerson p;
07     p.ShowFrameMessage();
08     p.ShowStartMessage();
09     p.ShowFrameMessage();
10 }
```

程序运行结果如图 10.4 所示。

图 10.4 使用析构函数

程序在构造函数中使用 new 为 m_pMessage 成员分配内存，在析构函数中使用 delete 释放通过 new 分配的内存。m_pMessage 成员为字符指针，在 ShowStartMessage 成员函数中输出字符指针所指向的内容。

（1）声明一个学生类，它有一个用于保存性别的成员变量，类型为char*；在析构函数中，删除这个指针，释放内存。（**资源包\Code\Try\107**）

（2）声明一个电话卡类，为其声明构造函数和析构函数，在销毁电话卡对象时，清空此对象绑定的身份证号码（身份证号码使用char数组，作为构造参数）。（**资源包\Code\Try\108**）

使用析构函数的注意事项如下：

☑ 在一个类中只可能定义一个析构函数。

☑ 析构函数不能重载。

☑ 构造函数和析构函数不能使用 return 语句返回值。不用加上关键字 void。

构造函数和析构函数的调用环境如下：

（1）自动变量的作用域是某个模块，当此模块被激活时，自动变量调用构造函数；当退出此模块时，会调用析构函数。

（2）全局变量在进入 main() 函数之前会调用构造函数，在程序终止时会调用析构函数。

（3）动态分配的对象使用 new 为对象分配内存时会调用构造函数；使用 delete 删除对象时会调用析构函数。

（4）临时变量是为了支持计算，由编译器自动产生的。在临时变量生存期的开始和结尾会调用构造函数与析构函数。

10.4 类成员

📺 视频讲解：资源包\Video\10\10.4类成员.mp4

10.4.1 访问类成员

类的三大特征之一是封装。被封装在类里面的数据可以设置为对外可见或不可见，通过关键字 public、private、protected 可以设置类的数据成员对外是否可见，也就是其他类是否可以访问该数据成员。

关键字 public、private、protected 说明类成员是共有的、私有的还是受保护的。这 3 个关键字将类划分为 3 个区域，public 区域的类成员可以在类作用域外被访问，而 private 区域和 protected 区域的类成员只能在类作用域内被访问，如图 10.5 所示。

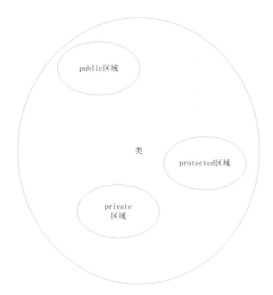

图 10.5　类成员属性

这 3 种类成员的属性如下：

☑ public 属性的成员对外可见，对内可见。

☑ private 属性的成员对外不可见，对内可见。

☑ protected 属性的成员对外不可见，对内可见，且对派生类是可见的。

如果在定义类时没有加任何关键字，则默认类成员都在 private 区域。

例如，在头文件 Person.h 中：

```
01  class CPerson
02  {
03      int m_iIndex;
04      int getIndex() { return m_iIndex; }
05      int setIndex(int iIndex)
06      {
07          m_iIndex=iIndex;
08          return 0;                          // 执行成功，返回0
09      }
10  };
```

在实现文件 Person.cpp 中：

```
01  #include <iostream.h>
02  #include "Person.h"
03  int main()
04  {
05      CPerson p;
06      p.m_iIndex=100;      // 错误
07      cout << "m_iIndex is:" << p.getIndex() << endl;    // 错误
08  }
```

在编译上面的代码时，编译不能通过，是什么原因呢？

因为在默认状态下，类成员的属性为 private，所以类成员只能被类中的其他成员访问，而不能被外部访问。例如，CPerson 类中的 m_iIndex 数据成员，只能在类体的作用域内被访问和赋值，数据类型为 CPerson 类的对象 p，就无法对 m_iIndex 数据成员进行赋值。

有了不同的区域，开发人员就可以根据需求来进行封装了。例如，将不想让其他类访问和调用的类成员定义在 private 区域和 protected 区域，这就保证了类成员的隐蔽性。需要注意的是，即使将成员的属性设置为 protected，继承类也可以访问父类的受保护成员，但是不能访问类中的私有成员。

关键字的作用域是，直到出现另一个关键字为止。例如：

```
01  class CPerson
02  {
03  private:
04      int m_iIndex;                          // 私有成员
05  public:
06      int getIndex() { return m_iIndex; }    // 公有成员
07      int setIndex(int iIndex)               // 公有成员
08      {
09          m_iIndex=iIndex;
10          return 0;                          // 执行成功，返回0
11      }
12  };
```

在上面的代码中，使用 private 关键字设置 m_iIndex 成员变量为私有的。public 关键字下面的成员函数被设置为公有的，由此可以看出，private 的作用域到 public 出现时为止。

10.4.2 内联成员函数

在定义函数时，可以使用 inline 关键字将函数定义为内联函数。在定义类的成员函数时，也可以使用 inline 关键字将成员函数定义为内联成员函数。其实，对于成员函数来说，如果其定义在类体中，那么即使没有使用 inline 关键字，该成员函数也被认为是内联成员函数。例如：

```
01  class CUser                              // 定义一个CUser类
02  {
03  private:
04      char m_Username[128];                // 定义数据成员
05      char m_Password[128];
06  public:
07      inline char* GetUsername()const;     // 定义一个内联成员函数
08  };
09  char* CUser::GetUsername()const          // 实现内联成员函数
10  {
11      return (char*)m_Username;
12  }
```

在上面的程序中，使用 inline 关键字将类中的成员函数设置为内联成员函数。此外，也可以在类成员函数的实现部分使用 inline 关键字标识函数为内联成员函数。例如：

```
01  class CUser                              // 定义一个CUser类
02  {
03  private:
04      char m_Username[128];                // 定义数据成员
05      char m_Password[128];
06  public:
```

```
07      char* GetUsername()const;                    // 定义成员函数
08 };
09 inline char* CUser::GetUsername()const            // 函数为内联成员函数
10 {
11      return (char*)m_Username;                     // 设置返回值
12 }
```

　　上面的程序演示了在何处使用 inline 关键字。对于内联函数来说，程序会在函数调用的地方直接插入函数代码，如果函数体语句较多，则会导致代码膨胀。如果将类的析构函数定义为内联函数，则可能会导致潜在的代码膨胀。

10.4.3　静态类成员

　　在本节之前所定义的类成员，都是通过对象来访问的，不能通过类名直接访问。如果将类成员定义为静态类成员，则允许使用类名直接访问。静态类成员是在类成员定义前使用 static 关键字标识的。例如：

```
01 class CBook
02 {
03 public:
04      static unsigned int m_Price;                 // 定义一个静态数据成员
05 };
```

　　在定义静态数据成员时，通常需要在类体外对静态数据成员进行初始化。例如：

```
unsigned int CBook::m_Price = 10;                    // 初始化静态数据成员
```

　　对于静态成员来说，不仅可以通过对象访问，还可以直接使用类名访问。例如：

```
01 int main(int argc, char* argv[])
02 {
03      CBook book;                                   // 定义一个CBook类对象book
04      cout << CBook::m_Price << endl;               // 通过类名访问静态成员
05      cout<<book.m_Price<<endl;                     // 通过对象访问静态成员
06      return 0;
07 }
```

　　在一个类中，静态数据成员被所有的类对象所共享，这就意味着无论定义多少个类对象，类的静态数据成员只有一份。同时，如果一个对象修改了静态数据成员，那么其他对象的静态数据成员（实际上是同一个静态数据成员）也将发生改变。

　　对于静态数据成员，还需要注意以下几点：

　　☑ 静态数据成员可以是当前类的类型，而其他数据成员只能是当前类的指针或引用类型。

　　☑ 静态数据成员可以作为成员函数的默认参数。

　　在介绍完类的静态数据成员之后，下面介绍类的静态成员函数。定义类的静态成员函数与定义普通的成员函数类似，只是在成员函数前添加 static 关键字。例如：

```
static void OutputInfo();                            // 定义类的静态成员函数
```

　　类的静态成员函数只能访问类的静态数据成员，而不能访问普通的数据成员。例如：

```
01  class CBook                                    // 定义一个类CBook
02  {
03  public:
04      static unsigned int m_Price ;              // 定义一个静态数据成员
05      int m_Pages;                               // 定义一个普通的数据成员
06      static void OutputInfo()                   // 定义一个静态成员函数
07      {
08          cout << m_Price<< endl;                // 正确的访问
09          cout << m_Pages<< endl;                // 非法的访问，不能访问非静态数据成员
10      }
11  };
```

在上面的代码中，"cout << m_Pages<< endl;"语句是错误的，因为 m_Pages 是非静态数据成员，不能在静态成员函数中访问。

此外，静态成员函数不能被定义为 const 成员函数，即在静态成员函数的末尾不能使用 const 关键字。例如，下面的静态成员函数的定义是非法的。

```
static void OutputInfo()const;                     // 错误的定义，静态成员函数不能使用const关键字
```

在定义静态成员函数时，如果函数的实现代码位于类体之外，则在函数的实现部分不能再使用 static 关键字。例如，下面的函数定义是非法的。

```
01  static void CBook::OutputInfo()                // 错误的函数定义，不能使用static关键字
02  {
03      cout << m_Price << endl;                   // 输出信息
04  }
```

在上面的代码中，如果去掉 static 关键字，则是正确的。例如：

```
01  void CBook::OutputInfo()                       // 正确的函数定义
02  {
03      cout << m_Price<< endl;                    // 输出信息
04  }
```

10.4.4 隐藏的 this 指针

对于类的非静态成员，每个对象都有自己的一份拷贝，即每个对象都有自己的数据成员。不过，成员函数却是每个对象所共享的。那么，调用共享的成员函数是如何找到自己的数据成员的呢？答案就是通过类中隐藏的 this 指针。下面通过例子来说明 this 指针的作用。

例如，访问对象的数据成员，每个对象都有自己的数据成员。

```
01  class CBook                                    // 定义一个CBook类
02  {
03  public:
04      int m_Pages;                               // 定义一个数据成员
05      void OutputPages()                         // 定义一个成员函数
06      {
07          cout<<m_Pages<<endl;                   // 输出信息
08      }
```

```
09 };
10 int main(int argc, char* argv[])
11 {
12     CBook vbBook,vcBook;                    // 定义两个CBook类对象
13     vbBook.m_Pages = 512;                   // 设置vbBook对象的数据成员
14     vcBook.m_Pages = 570;                   // 设置vcBook对象的数据成员
15     vbBook.OutputPages();                   // 调用OutputPages函数输出vbBook对象的数据成员
16     vcBook.OutputPages();                   // 调用OutputPages函数输出vcBook对象的数据成员
17     return 0;
18 }
```

程序运行结果如图 10.6 所示。

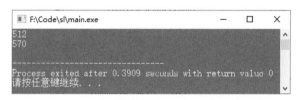

图 10.6 访问对象的数据成员

由图 10.6 可以看出，vbBook 和 vcBook 两个对象均有自己的数据成员 m_Pages，调用 OutputPages 函数输出的均是自己的数据成员。在 OutputPages 函数中只是访问了 m_Pages 数据成员，那么每个对象在调用 OutputPages 函数时是如何区分自己的和其他对象的数据成员的呢？答案是通过 this 指针。在每个类的成员函数（非静态成员函数）中都隐式包含一个 this 指针，即指向被调用对象的指针，其类型为当前类类型的指针类型；在 const 函数中，其类型为当前类类型的 const 指针类型。当 vbBook 对象调用 OutputPages 函数时，this 指针指向 vbBook 对象；当 vcBook 对象调用 OutputPages 函数时，this 指针指向 vcBook 对象。在 OutputPages 函数中，用户可以显式地使用 this 指针访问数据成员。例如：

```
01 void OutputPages()
02 {
03     cout <<this->m_Pages<<endl;         // 使用this指针访问数据成员
04 }
```

实际上，为了实现 this 指针，编译器在成员函数中自动添加了 this 指针访问数据成员的方法，类似于上面的 OutputPages 函数。此外，为了将 this 指针指向当前调用对象，并能够在成员函数中使用，在每个成员函数中都隐式包含一个 this 指针作为函数参数，并在调用函数时将对象自身的地址隐式作为实参传递。例如，以 OutputPages 函数为例，编译器将其定义为

```
01 void OutputPages(CBook* this)          // 隐式添加this指针
02 {
03     cout <<this->m_Pages<<endl;
04 }
```

在对象调用成员函数时，将对象的地址传递到成员函数中。以 "vc.OutputPages();" 语句为例，编译器将其解释为 "vbBook.OutputPages(&vbBook);"，这就使得 this 指针合法，并能够在成员函数中使用。

10.4.5 嵌套类

C++ 语言允许在一个类中定义另一个类，这被称为嵌套类。例如，下面的代码在定义 CList 类时，在内部又定义了一个嵌套类 CNode。

```
01  #define MAXLEN 128                          // 定义一个宏
02  class CList                                 // 定义CList类
03  {
04  public:                                     // 嵌套类为公有的
05      class CNode                             // 定义嵌套类CNode
06      {
07          friend class CList;                 // 将CList类作为自己的友元类
08      private:
09          int m_Tag;                          // 定义私有数据成员
10      public:
11          char m_Name[MAXLEN];                // 定义公有数据成员
12      };                                      // CNode类定义结束
13  private:
14      CNode m_Node;                           // 定义一个CNode类型的数据成员
15      void SetNodeName(const char *pchData)   // 定义成员函数
16      {
17          if (pchData != NULL)                // 判断指针是否为空
18          {
19              strcpy(m_Node.m_Name,pchData);  // 访问CNode类的公有数据成员
20          }
21      }
22      void SetNodeTag(int tag)                // 定义成员函数
23      {
24          m_Node.m_Tag = tag;                 // 访问CNode类的私有数据成员
25      }
26  };
```

上面的代码在嵌套类 CNode 中定义了一个私有数据成员 m_Tag 和一个公有数据成员 m_Name。对于外围类 CList 来说，通常它不能访问嵌套类的私有数据成员——虽然嵌套类是在其内部定义的。但是，上面的代码在定义 CNode 类时，将 CList 类作为自己的友元类，这使得 CList 类能够访问 CNode 类的私有数据成员。

对于内部的嵌套类来说，只允许其在外围类域中使用，在其他类域或者作用域中是不可见的。例如，下面的定义是非法的。

```
01  int main(int argc, char* argv[])
02  {
03      CNode node;                             // 错误的定义，不能访问CNode类
04      return 0;
05  }
```

上面的代码在 main 函数的作用域中定义了一个 CNode 对象，导致出现 CNode 没有被声明的错误。对于 main 函数来说，嵌套类 CNode 是不可见的，但是可以通过使用外围类域作为限定符来定义 CNode 对象。例如，如下定义是合法的。

```
01  int main(int argc, char* argv[])
02  {
03      CList::CNode node;                      // 合法的定义
04      return 0;
05  }
```

上面的代码通过使用外围类域作为限定符访问到了 CNode 类。但这样做通常是不合理的，也是有

限制条件的。首先，既然定义了嵌套类，那么通常就不允许外界访问，否则违背了使用嵌套类的原则。其次，在定义嵌套类时，如果将其定义为私有的或受保护的，那么即使使用外围类域作为限定符，外界也无法访问嵌套类。

10.4.6　局部类

类的定义可以被放在头文件中，可以被放在源文件中。还有一种情况，类的定义也可以被放在函数中，这样的类被称为局部类。

例如，定义一个局部类 CBook。

```
01  void LocalClass()                              // 定义一个函数
02  {
03      class CBook                                // 定义一个局部类CBook
04      {
05      private:
06          int m_Pages;                           // 定义一个私有数据成员
07      public:
08          void SetPages(int page)                // 定义公有成员函数
09          {
10              if (m_Pages != page)
11                  m_Pages = page;                // 为数据成员赋值
12          }
13          int GetPages()                         // 定义公有成员函数
14          {
15              return m_Pages;                    // 获取数据成员信息
16          }
17      };
18      CBook book;                                // 定义一个CBook对象
19      book.SetPages(300);                        // 调用SetPages函数
20      cout << book.GetPages()<< endl;            // 输出信息
21  }
```

上面的代码在 LocalClass 函数中定义了一个 CBook 类，该类被称为局部类。对于局部类 CBook，是不能在函数之外访问的，因为局部类被封装在了函数的局部作用域中。

10.5　友元

视 频 讲 解

📹 视频讲解：资源包\Video\10\10.5友元.mp4

10.5.1　友元概述

在讲解类时说明了隐藏数据成员的好处，但是有些时候，类会允许一些特殊的函数直接读 / 写其私有数据成员。

使用 friend 关键字可以让特定的函数或者其他类的所有成员函数对私有数据成员进行读 / 写。这既可以保持数据成员的私有性，又能够使特定的类或函数直接访问私有数据成员。

　　有时候，普通函数需要直接访问一个类的受保护的或私有的数据成员。如果没有友元机制，则只能将类的数据成员声明为公有的，从而使得任何函数都可以无约束地访问它们。

　　普通函数需要直接访问类的受保护的或私有的数据成员，主要是为了提高效率。

　　例如，在没有使用友元函数的情况下：

```
01  #include <iostream.h>
02  class CRectangle
03  {
04  public:
05      CRectangle()
06      {
07          m_iHeight=0;
08          m_iWidth=0;
09      }
10      CRectangle(int iLeftTop_x,int iLeftTop_y,int iRightBottom_x,int iRightBottom_y)
11      {
12          m_iHeight=iRightBottom_y-iLeftTop_y;
13          m_iWidth=iRightBottom_x-iLeftTop_x;
14      }
15      int getHeight()
16      {
17          return m_iHeight;
18      }
19      int getWidth()
20      {
21          return m_iWidth;
22      }
23  protected:
24      int m_iHeight;
25      int m_iWidth;
26  };
27  int ComputerRectArea(CRectangle & myRect)            // 不是友元函数的定义
28  {
29      return myRect.getHeight()*myRect.getWidth();
30  }
31  int main()
32  {
33      CRectangle rg(0,0,100,100);
34      cout << "Result of ComputerRectArea is :"<< ComputerRectArea(rg) << endl;
35  }
```

　　在上面的代码中可以看到，ComputerRectArea 函数在定义时只能对类中的函数进行引用。因为类中的函数属性都为公有属性，对外是可见的，而数据成员的属性为受保护属性，对外是不可见的，所以只能使用公有成员函数得到想要的值。

　　下面来看一下使用友元函数的情况。

```
01  #include <iostream.h>
02  class CRectangle
```

```
03 {
04 public:
05     CRectangle()
06     {
07         m_iHeight=0;
08         m_iWidth=0;
09     }
10     CRectangle(int iLeftTop_x,int iLeftTop_y,int iRightBottom_x,int iRightBottom_y)
11     {
12         m_iHeight=iRightBottom_y-iLeftTop_y;
13         m_iWidth=iRightBottom_x-iLeftTop_x;
14     }
15     int getHeight()
16     {
17         return m_iHeight;
18     }
19     int getWidth()
20     {
21         return m_iWidth;
22     }
23     friend int ComputerRectArea(CRectangle & myRect);      // 声明为友元函数
24 protected:
25     int m_iHeight;
26     int m_iWidth;
27 };
28 int ComputerRectArea(CRectangle & myRect)                   // 友元函数的定义
29 {
30     return myRect.m_iHeight*myRect.m_iWidth;
31 }
32 int main()
33 {
34     CRectangle rg(0,0,100,100);
35     cout << "Result of ComputerRectArea is :"<< ComputerRectArea(rg) << endl;
36 }
```

在 ComputerRectArea 函数的定义中，可以看到使用 CRectangle 的对象可以直接引用其中的数据成员，这是因为在 CRectangle 类中将 ComputerRectArea 函数声明为友元函数了。

从代码中可以看到，使用友元函数保持了 CRectangle 类中数据成员的私有性，既起到了隐藏数据成员的作用，又使得特定的类或函数可以直接访问这些隐藏的数据成员。

10.5.2 友元类

对于类的私有成员，只有在该类中允许访问，其他类是不能访问的。但在开发程序时，如果两个类的耦合比较紧密，那么能够在一个类中访问另一个类的私有成员会带来很大的便利。C++ 语言提供了友元类和友元函数（或者称为友元方法）来实现访问其他类的私有成员。当用户希望另一个类能够访问当前类的私有成员时，可以在当前类中将另一个类作为自己的友元类，这样在另一个类中就可以访问当前类的私有成员了。例如，定义友元类：

```
01  class CItem                                  // 定义一个CItem类
02  {
03  private:
04      char m_Name[128];                        // 定义私有数据成员
05      void OutputName()                        // 定义私有成员函数
06      {
07          printf("%s\n",m_Name);               // 输出m_Name
08      }
09  public:
10      friend  class  CList;                    // 将CList类作为自己的友元类
11      void SetItemName(const char* pchData)    // 定义公有成员函数，设置m_Name成员
12      {
13          if (pchData != NULL)                 // 判断指针是否为空
14          {
15              strcpy(m_Name,pchData);          // 复制字符串
16          }
17      }
18      CItem()                                  // 构造函数
19      {
20          memset(m_Name,0,128);                // 初始化数据成员m_Name
21      }
22  };
23  class CList                                  // 定义CList类
24  {
25  private:
26      CItem m_Item;                            // 定义私有数据成员m_Item
27  public:
28      void OutputItem();                       // 定义公有成员函数
29  };
30  void CList::OutputItem()                     // OutputItem函数的实现代码
31  {
32      m_Item.SetItemName("BeiJing");           // 调用CItem类的公有成员函数
33      m_Item.OutputName();                     // 调用CItem类的私有成员函数
34  }
```

在定义 CItem 类时，使用 friend 关键字将 CList 类定义为 CItem 类的友元类，这样 CList 类中的所有函数就都可以访问 CItem 类中的私有成员了。在 CList 类的 OutputItem 函数中，"m_Item.OutputName();"语句演示了调用 CItem 类的私有成员函数 OutputName。

10.5.3 友元函数

在开发程序时，有时需要控制其他类对当前类中私有成员的访问权限。例如，假设需要实现只允许 CList 类的某个成员函数访问 CItem 类的私有成员，而不允许其他成员函数访问 CItem 类的私有成员。这可以通过定义友元函数来实现。在定义 CItem 类时，可以将 CList 类的某个成员函数定义为友元函数，这样就限制了只允许该函数访问 CItem 类的私有成员。

实例 04　定义友元函数 实例位置：资源包\Code\SL\10\04

```
01 #include <iostream>
02 #include <string.h>
03 class CItem;                               // 前导声明CItem类
04 class CList                                // 定义CList类
05 {
06 private:
07     CItem * m_pItem;                       // 定义私有数据成员m_pItem
08 public:
09     CList();                               // 定义默认构造函数
10     ~CList();                              // 定义析构函数
11     void OutputItem();                     // 定义OutputItem成员函数
12 };
13 class CItem                                // 定义CItem类
14 {
15     friend void CList::OutputItem();       // 声明友元函数
16 private:
17     char m_Name[128];                      // 定义私有数据成员
18     void OutputName()                      // 定义私有成员函数
19     {
20         printf("%s\n",m_Name);             // 输出数据成员信息
21     }
22 public:
23     void SetItemName(const char* pchData)  // 定义公有成员函数
24     {
25         if (pchData != NULL)               // 判断指针是否为空
26         {
27             strcpy(m_Name,pchData);        // 复制字符串
28         }
29     }
30     CItem()                                // 构造函数
31     {
32         memset(m_Name,0,128);              // 初始化数据成员m_Name
33     }
34 };
35 void CList::OutputItem()                   // CList类的OutputItem成员函数的实现
36 {
37     m_pItem->SetItemName("BeiJing");       // 调用CItem类的公有成员函数
38     m_pItem->OutputName();                 // 在友元函数中访问CItem类的私有成员函数OutputName
39 }
40 CList::CList()                             // CList类的默认构造函数
41 {
42     m_pItem = new CItem();                 // 构造m_pItem对象
43 }
44 CList::~CList()                            // CList类的析构函数
45 {
46     delete m_pItem;                        // 释放m_pItem对象
```

```
47        m_pItem = NULL;                        // 将m_pItem对象设置为空
48   }
49   int main(int argc, char* argv[])             // 主函数
50   {
51        CList list;                             // 定义一个CList类对象list
52        list.OutputItem();                      // 调用CList类的OutputItem成员函数
53        return 0;
54   }
```

在上面的代码中，在定义 CItem 类时，使用 friend 关键字将 CList 类的 OutputItem 成员函数设置为友元函数，在 CList 类的 OutputItem 成员函数中访问了 CItem 类的私有成员函数 OutputName。程序运行结果如图 10.7 所示。

图 10.7 定义友元函数

（1）声明一个教师类，将其工资声明为私有的；再声明一个校长类，校长类有一个教师类的友元函数，使用这个函数可以访问教师的工资。（**资源包\Code\Try\109**）

拓展训练　（2）声明一个用户账户类，将修改密码函数设为私有的；再声明一个管理员类，管理员类有一个用户账户类的友元函数，通过此函数也可以修改账户密码。（**资源包\Code\Try\110**）

对于友元函数来说，它不仅可以是类的成员函数，而且可以是一个全局函数。例如：

```
01   class CItem                                  // 定义CItem类
02   {
03        friend void OutputItem(CItem *pItem);   // 将全局函数OutputItem定义为友元函数
04   private:
05        char m_Name[128];                       // 定义私有数据成员
06        void OutputName()                       // 定义私有成员函数
07        {
08             printf("%s\n",m_Name);             // 输出数据成员信息
09        }
10   public:
11        void SetItemName(const char* pchData)   // 定义公有成员函数
12        {
13             if (pchData != NULL)               // 判断指针是否为空
14             {
15                  strcpy(m_Name,pchData);        // 复制字符串
16             }
17        }
18        CItem()                                 // 定义构造函数
19        {
20             memset(m_Name,0,128);              // 初始化数据成员
21        }
```

```
22  };
23  void OutputItem(CItem *pItem)                             // 定义全局函数
24  {
25      if (pItem != NULL)                                    // 判断参数是否为空
26      {
27          pItem->SetItemName("同一个世界，同一个梦想\n");  // 调用CItem类的公有成员函数
28          pItem->OutputName();                              // 调用CItem类的私有成员函数
29      }
30  }
31  int main(int argc, char* argv[])                          // 主函数
32  {
33      CItem Item;                                           // 定义一个CItem类对象Item
34      OutputItem(&Item);                                    // 通过全局函数访问CItem类的私有成员函数
35      return 0;
36  }
```

在上面的代码中，定义全局函数 OutputItem，在 CItem 类中使用 friend 关键字将 OutputItem 函数声明为友元函数。而 CItem 类中 OutputName 函数的属性是私有的，其对外不可见。因为 OutputItem 是 CItem 类的友元函数，所以可以引用类中的私有成员。

10.6 命名空间

视频讲解

📹 视频讲解：资源包\Video\10\10.6命名空间.mp4

10.6.1 使用命名空间

在一个应用程序的多个文件中可能会存在同名的全局对象，这样就会导致应用程序链接错误。使用命名空间是消除命名冲突的最佳方式。

例如，下面的代码定义了两个命名空间。

```
01  namespace MyName1
02  {
03      int iInt1=10;
04      int iInt2=20;
05  };
06
07  namespace MyName2
08  {
09      int iInt1=10;
10      int iInt2=20;
11  };
```

在上面的代码中，namespace 是关键字，MyName1 和 MyName2 是定义的两个命名空间的名称，花括号中的是所属命名空间中的对象。虽然在两个花括号中定义的变量是一样的，但是因为在不同的命名空间中，所以避免了标识符的冲突，保证了标识符的唯一性。

总而言之，命名空间就是一个命名的范围或区域，程序员在这个特定的范围内创建的所有标识符都是唯一的。

10.6.2 定义命名空间

在 10.6.1 节中，我们了解了命名空间的作用和使用的意义，本节将具体介绍如何定义命名空间。
命名空间的定义格式如下：

```
namespace 名称
{
    常量、变量、函数等对象的定义
}
```

定义命名空间要使用 namespace 关键字。例如：

```
01  namespace MyName
02  {
03      int iInt1=10;
04      int iInt2=20;
05  };
```

在上面的代码中，MyName 就是所定义的命名空间的名称。在花括号中定义了两个整型变量，即
iInt1 和 iInt2，这两个整型变量就是属于 MyName 这个命名空间范围内的。

命名空间定义完成之后，如何使用其中的成员呢？在讲解类时曾介绍过使用作用域运算符 "::" 来
引用类中的成员，这里依然使用 "::" 来引用命名空间中的成员。引用命名空间中成员的一般形式如下：

```
命名空间名称::成员;
```

例如，引用 MyName 命名空间中的成员：

```
MyName::iInt1=30;
```

还有一种引用命名空间中成员的方法，就是使用 using namespace 语句。一般形式如下：

```
using namespace 命名空间名称;
```

例如，在源程序中包含 MyName 命名空间：

```
using namespace MyName;
iInt=30;
```

如果使用 using namespace 语句，则在引用命名空间中的成员时直接使用就可以。
需要注意的是，如果定义多个命名空间，并且这些命名空间中都有标识符相同的成员，那么使用
using namespace 语句在引用命名空间中的成员时就会产生歧义。这时最好还是使用作用域运算符来进
行引用。

10.6.3 在多个文件中定义命名空间

在定义命名空间时，通常在头文件中声明命名空间中的函数，在源文件中定义命名空间中的函数，
将程序的声明与实现分开。例如，在头文件中声明命名空间中的函数：

```
01  namespace Output
02  {
03      void Demo();                            // 声明函数
04  }
```

在源文件中定义命名空间中的函数：

```
01  void Output::Demo()                              // 定义函数
02  {
03      cout<<"This is a function!\n";
04  }
```

在源文件中定义函数时，注意要使用命名空间名称作为前缀，表明实现的是命名空间中定义的函数，否则将定义一个全局函数。

将命名空间的定义放在头文件中，而将命名空间中有关成员的定义放在源文件中。例如：

```
01  ////////////////////////////////////////////////////////////////
02  // Detach.h头文件
03  ////////////////////////////////////////////////////////////////
04  namespace Output
05  {
06      void Demo();                                 // 声明函数
07  }
08  ////////////////////////////////////////////////////////////////
09  // Detach.cpp源文件
10  ////////////////////////////////////////////////////////////////
11  #include<iostream>
12  #include"Detach.h"
13  using namespace std;
14  void Output::Demo()                              // 定义函数
15  {
16      cout<<"This is a function!\n";
17  }
18  int main()
19  {
20      Output::Demo();                              // 调用函数
21      return 0;
22  }
```

将命名空间的定义和命名空间中成员的具体操作分开，更符合程序编写规范，并且非常易于修改和观察。

程序运行结果如图 10.8 所示。

图 10.8　在多个文件中定义命名空间

在 Detach.cpp 源文件中也可以定义 Output 命名空间。例如：

```
01  namespace Output
02  {
03      void show()
04      {
```

```
05            cout<<"This is show function"<<endl;
06      }
07 }
```

此时，Output 命名空间的内容为两个文件中 Output 命名空间内容的"总和"。因此，如果在 Detach.cpp 文件的 Output 命名空间中再定义一个名称为 Demo 的函数，它就是非法的，因为进行了重复的定义，这时编译器会提示已经有一个函数体。

10.6.4 定义嵌套的命名空间

一个命名空间可以被定义在其他的命名空间中，在这种情况下，仅仅使用外层的命名空间名称作为前缀，程序便可以引用在内层命名空间之外定义的其他标识符。例如：

```
01 namespace Output
02 {
03      void Show()                        // 定义函数
04      {
05          cout<<"Output's function!"<<endl;
06      }
07      namespace MyName
08      {
09          void Demo()                    // 定义函数
10          {
11              cout<<"MyName's function!"<<endl;
12          }
13      }
14 }
```

在上面的代码中，在 Output 命名空间中又定义了一个 MyName 命名空间。如果程序访问 MyName 命名空间中的对象，则可以使用外层命名空间和内层命名空间的名称作为前缀。例如：

```
Output::MyName::Demo();                    // 调用MyName命名空间中的函数
```

也可以直接使用 using namespace 语句引用嵌套的 MyName 命名空间。例如：

```
01 using namespace Output::MyName;         // 引用嵌套的MyName命名空间
02 Demo();                                 // 调用MyName命名空间中的函数
```

在上面的代码中，"using namespace Output::MyName;"语句只是引用了嵌套在 Output 命名空间中的 MyName 命名空间，并没有引用 Output 命名空间，因此试图访问 Output 命名空间中定义的对象是非法的。例如：

```
01 using namespace Output::MyName;
02 show();                                 // 错误的访问，无法访问Output命名空间中的函数
```

10.6.5 定义未命名的命名空间

尽管为命名空间指定名称是有益的，但是 C++ 语言允许在定义中省略命名空间的名称，定义未命名的命名空间。

例如，定义一个包含两个整型变量的未命名的命名空间：

```
01  namespace
02  {
03      int iValue1=10;
04      int iValue2=20;
05  }
```

事实上，在未命名的命名空间中定义的标识符默认会被设置为全局标识符，这样就违背了命名空间的设置原则。所以，未命名的命名空间没有被广泛应用。

10.7 小结

在面向对象的程序设计中，类是基础。本章首先介绍了 C++ 语言中有关类的基本概念，讲解了如何声明类，如何实现类。然后介绍了类中构造函数和析构函数的作用，以及类成员的相关内容。最后介绍了使用友元来访问类中不可见的成员，以及 C++ 语言中命名空间的使用。

本章 e 学码：关键知识点拓展阅读

成员函数	类名标识符
成员引用	声明
对象指针	数据成员
类	

e 学码

第 **11** 章
继承与派生

（ ▶ 视频讲解：1 小时 52 分钟）

本章概览

　　继承与派生是面向对象程序设计的两个重要特性。继承是指新类从已有的类中得到已有的特性，其中已有的类被称为基类或父类，新类被称为派生类或子类。继承与派生是从不同的角度来说明类之间的关系的，这种关系包含了访问机制、多态和重载等。

知识框架

11.1 继承

▶ 视频讲解：资源包\Video\11\11.1继承.mp4

　　继承（inheritance）是面向对象的三大特征之一（另外两个是封装和多态），它使得一个类可以从现有的类中派生，而不必重新定义一个新类。继承的实质就是用已有的数据类型创建新的数据类型，并保留已有的数据类型的特点。也就是说，新类是以已有的类为基础创建的，新类中包含了已有的类的数据成员和成员函数，并且可以在新类中添加新的数据成员和成员函数。

11.1.1 类的继承

类继承的形式如下：

```
class 派生类名标识符: [继承方式] 基类名标识符
{
    [访问控制修饰符:]
    [成员声明列表]
};
```

继承方式有 3 种，分别为公有继承（public）、受保护继承（protected）和私有继承（private）。访问控制修饰符是 public、protected 和 private。成员声明列表中包含类的成员变量和成员函数，是派生类新增的成员。":" 是一个运算符，表示基类和派生类之间的继承关系。

例如，定义一个继承员工类的操作员类。

定义一个员工类，它包含员工 ID、员工姓名、所属部门等信息。

```
01  class CEmployee                    // 定义一个员工类
02  {
03  public:
04      int m_ID;                      // 定义员工ID
05      char m_Name[128];              // 定义员工姓名
06      char m_Depart[128];            // 定义所属部门
07  };
```

定义一个操作员类，通常操作员属于公司的员工，所以该类也包含员工 ID、员工姓名、所属部门等信息。此外，该类还包含密码信息、登录方法等。

```
01  class COperator :public CEmployee  // 定义一个操作员类，从CEmployee类派生而来
02  {
03  public:
04      char m_Password[128];          // 定义密码
05      bool Login();
06  };
```

操作员类是从员工类派生的一个新类，新类中增加了密码信息、登录方法等，而员工 ID、员工姓名、所属部门等信息可以直接从员工类继承得到。

11.1.2 继承后的可访问性

继承方式有公有继承（public）、私有继承（private）和受保护继承（protected）3 种，下面分别进行介绍。

1. 公有继承

公有继承表示基类中的 public 数据成员与成员函数，在派生类中仍然是 public；基类中的 private 数据成员与成员函数，在派生类中仍然是 private。例如：

```
01 class CEmployee
02 {
03 public:
04     void Output()
05     {
06         cout <<    m_ID << endl;
07         cout <<    m_Name << endl;
08         cout <<    m_Depart << endl;
09     }
10 private:
11     int m_ID;
12     char m_Name[128];
13     char m_Depart[128];
14 };
15 class COperator :public CEmployee
16 {
17 public:
18     void Output()
19     {
20         cout <<    m_ID << endl;          // 引用基类的私有成员，错误
21         cout <<    m_Name << endl;        // 引用基类的私有成员，错误
22         cout <<    m_Depart << endl;      // 引用基类的私有成员，错误
23         cout <<    m_Password << endl;    // 正确
24     }
25 private:
26     char m_Password[128];
27     bool Login();
28 };
```

在上面的代码中，COperator 类无法访问 CEmployee 类中的 private 数据成员 m_ID、m_Name 和 m_Depart。只有将 CEmployee 类中的所有成员都设置为 public 后，COperator 类才能访问 CEmployee 类中的所有成员。

2. 私有继承

私有继承表示基类中的 public 和 protected 数据成员与成员函数，在派生类中可以访问；基类中的 private 数据成员，在派生类中不可以访问。例如：

```
01 class CEmployee
02 {
03 public:
04     void Output()
05     {
06         cout <<    m_ID << endl;
07         cout <<    m_Name << endl;
08         cout <<    m_Depart << endl;
09     }
10     int m_ID;
11 protected:
12     char m_Name[128];
13 private :
```

```
14      char m_Depart[128];
15  };
16  class COperator :private CEmployee
17  {
18  public:
19      void Output()
20      {
21          cout <<    m_ID << endl;              // 正确
22          cout <<    m_Name << endl;            // 正确
23          cout <<    m_Depart << endl;          // 错误
24          cout <<    m_Password << endl;        // 正确
25      }
26  private:
27      char m_Password[128];
28      bool Login();
29  };
```

3. 受保护继承

受保护继承表示基类中的 public 和 protected 数据成员与成员函数，在派生类中均为 protected。protected 成员在派生类定义时可以访问，而使用派生类声明的对象不可以访问，也就是在类体外不可以访问。protected 成员可以被基类的所有派生类使用。这一性质可以沿继承树无限向下传播。

因为受保护类的内部数据不能被随意更改，其派生类只能进行访问，这就起到了很好的封装作用。把一个类分为两部分，其中一部分是公有的，另一部分是受保护的。对于使用者来说，protected 成员是不可见的，也是不需要了解的，这就降低了类与其他代码的关联程度。类的功能是独立的，它不依赖应用程序的运行环境，既可以将其放到这个程序中使用，也可以将其放到那个程序中使用。这就能够非常容易地用一个类替换另一个类。类访问限制的保护机制使所编写的应用程序更加可靠和易于维护。

11.1.3 构造函数的调用顺序

父类和子类中都有构造函数与析构函数，那么在创建子类对象时，是父类先进行创建，还是子类先进行创建？同样，在释放子类对象时，是父类先进行释放，还是子类先进行释放？这都有先后顺序的问题。答案是：当从父类派生一个子类并声明一个子类对象时，先调用父类的构造函数，再调用当前类的构造函数；在释放子类对象时，先调用当前类的析构函数，再调用父类的析构函数。

实例 01　构造函数的调用顺序	实例位置：资源包\Code\SL\11\01

```
01  #include <iostream>
02  #include <string.h>
03  using namespace std;
04  class CEmployee                                // 定义CEmployee类
05  {
06  public:
07      int m_ID;                                  // 定义数据成员
08      char m_Name[128];                          // 定义数据成员
09      char m_Depart[128];                        // 定义数据成员
```

```
10      CEmployee()                                         // 定义构造函数
11      {
12          cout << "CEmployee类构造函数被调用"<< endl;      // 输出信息
13      }
14      ~CEmployee()                                        // 析构函数
15      {
16          cout << "CEmployee类析构函数被调用"<< endl;      // 输出信息
17      }
18 };
19 class COperator :public CEmployee                        // 从CEmployee类派生一个子类
20 {
21 public:
22      char m_Password[128];                               // 定义数据成员
23      COperator()                                         // 定义构造函数
24      {
25          strcpy(m_Name,"MR");                            // 设置数据成员
26          cout << "COperator类构造函数被调用"<< endl;      // 输出信息
27      }
28      ~COperator()                                        // 析构函数
29      {
30          cout << "COperator类析构函数被调用"<< endl;      // 输出信息
31      }
32 };
33 int main(int argc, char* argv[])                         // 主函数
34 {
35      COperator optr;                                     // 定义一个COperator对象
36      return 0;
37 }
```

程序运行结果如图 11.1 所示。

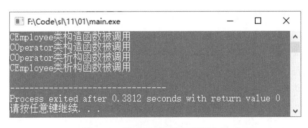

图 11.1 构造函数的调用顺序

从图 11.1 中可以看出，在定义 COperator 类对象时，首先调用的是父类 CEmployee 的构造函数，然后调用的是子类 COperator 的构造函数。子类对象的释放过程则与其创建过程恰恰相反，先调用子类的析构函数，再调用父类的析构函数。

在分析完对象的创建、释放过程后，我们会考虑这样一种情况：定义一个父类类型的指针，调用子类的构造函数为其创建对象，当释放对象时，是需要调用父类的析构函数，还是需要先调用子类的析构函数，再调用父类的析构函数呢？答案是：如果析构函数是虚函数，则需要先调用子类的析构函数，再调用父类的析构函数；如果析构函数不是虚函数，则只需要调用父类的析构函数。可以想象一下，如果在子类中为某个数据成员分配了堆中的空间，父类的析构函数不是虚函数，那么将使子类的析构函数不被调用，其结果是对象不能被正确地释放，导致内存泄漏的发生。因此，在编写类的析构

函数时，通常析构函数是虚函数。构造函数的调用顺序不受父类在成员初始化表中是否存在及被列出的顺序的影响。

（1）定义一个火车类，再定义一个火车类的子类，即高铁类，在火车类与高铁类的构造函数和析构函数中打印出字符串，确定各个函数的调用顺序。（资源包\Code\Try\111）

（2）定义一个动物类，再定义一个鸟类，它继承动物类，在构造函数和析构函数中打印出字符串，查看构造函数和析构函数的调用顺序。（资源包\Code\Try\112）

11.1.4　子类显式调用父类的构造函数

如果父类含有带参数的构造函数，那么在创建子类对象时会调用它吗？答案是通过显式方式才可以调用。

无论在创建子类对象时调用的是哪个子类的构造函数，都会自动调用父类的默认构造函数。若想调用父类带参数的构造函数，则需要采用显式方式。

实例 02　子类显式调用父类的构造函数　　　　　　　实例位置：资源包\Code\SL\11\02

```
01 #include <iostream>
02 #include <string.h>
03 using namespace std;
04 class CEmployee                                    // 定义CEmployee类
05 {
06 public:
07     int m_ID;                                       // 定义数据成员
08     char m_Name[128];                               // 定义数据成员
09     char m_Depart[128];                             // 定义数据成员
10     CEmployee(char name[])                          // 带参数的构造函数
11     {
12         strcpy(m_Name,name);
13         cout << m_Name<<"调用了CEmployee类带参数的构造函数"<< endl;
14     }
15     CEmployee()                                     // 无参构造函数
16     {
17         strcpy(m_Name,"MR");
18         cout << m_Name<<"CEmployee类无参构造函数被调用"<< endl;
19     }
20     ~CEmployee()                                    // 析构函数
21     {
22         cout << "CEmployee类析构函数被调用"<< endl;  // 输出信息
23     }
24 };
25 class COperator :public CEmployee                   // 从CEmployee类派生一个子类
26 {
27 public:
28     char m_Password[128];                           // 定义数据成员
29     COperator(char name[ ]):CEmployee(name)         // 显式调用父类带参数的构造函数
```

```
30          {              // 设置数据成员
31              cout << "COperator类构造函数被调用"<< endl;        // 输出信息
32          }
33          COperator():CEmployee("JACK")                        // 显式调用父类带参数的构造函数
34          {              // 设置数据成员
35              cout << "COperator类构造函数被调用"<< endl;        // 输出信息
36          }
37          ~COperator()                                         // 析构函数
38          {
39              cout << "COperator类析构函数被调用"<< endl;        // 输出信息
40          }
41      };
42      int main(int argc, char* argv[])                         // 主函数
43      {
44          COperator optr1;                    // 定义一个COperator对象，调用自身无参构造函数
45          COperator optr2("LaoZhang");        // 定义一个COperator对象，调用自身带参数的构造函数
46          return 0;
47      }
```

程序运行结果如图 11.2 所示。

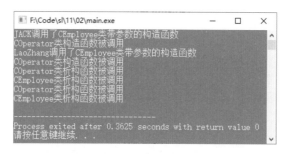

图 11.2 子类显式调用父类的构造函数

在父类的无参构造函数中初始化成员字符串数组 "m_Name" 的内容为 "MR"。从运行结果看，在创建子类对象时没有调用父类的无参构造函数，调用的是带参数的构造函数。

注意

当父类只有带参数的构造函数时，子类必须以显式方式调用父类带参数的构造函数，否则编译会出现错误。

拓展训练

（1）定义一个动物类，它的构造函数有两个参数，分别表示动物的大小和移动速度；再定义一个鸟类，它继承动物类，在鸟类的构造函数中显式调用动物类的构造函数。（资源包\Code\Try\113）

（2）定义一个计算机类，它的构造函数有一个参数，表示CPU型号；再定义一个平板电脑类，它继承计算机类。平板电脑类的构造函数有两个参数，分别表示CPU型号和电池容量，在平板电脑类的构造函数中显式调用计算机类的构造函数。（资源包\Code\Try\114）

11.1.5　子类隐藏父类的成员函数

如果在子类中定义了一个和父类中一样的成员函数，那么一个子类对象是调用父类的成员函数，还是调用子类的成员函数呢？答案是调用子类的成员函数。

实例 03　子类隐藏父类的成员函数	实例位置：资源包\Code\SL\11\03

```cpp
01  #include <iostream>
02  using namespace std;
03  class CEmployee                              // 定义CEmployee类
04  {
05  public:
06      int m_ID;                                // 定义数据成员
07      char m_Name[128];                        // 定义数据成员
08      char m_Depart[128];
09      CEmployee()                              // 定义构造函数
10      {
11      }
12      ~CEmployee()                             // 析构函数
13      {
14      }
15      void OutputName()                        // 定义OutputName成员函数
16      {
17          cout << "调用CEmployee类的OutputName成员函数: "<< endl;    // 输出操作员姓名
18      }// 定义数据成员
19  };
20  class COperator :public CEmployee            // 定义COperator类
21  {
22  public:
23      char m_Password[128];                    // 定义数据成员
24      void OutputName()                        // 定义OutputName成员函数
25      {
26          cout << "调用COperator类的OutputName成员函数:"<< endl;     // 输出操作员姓名
27      }
28  };
29  int main(int argc, char* argv[])             // 主函数
30  {
31      COperator optr;                          // 定义一个COperator对象
32      optr.OutputName();                       // 调用COperator类的OutputName成员函数
33      return 0;
34  }
```

程序运行结果如图 11.3 所示。

图 11.3　子类隐藏父类的成员函数

从图 11.3 中可以看出，"optr.OutputName();"语句调用的是 COperator 类的 OutputName 成员函数，而不是 CEmployee 类的 OutputName 成员函数。如果想要访问父类的 OutputName 成员函数，则需要显式使用父类名。例如：

```
01  COperator optr;                     // 定义一个COperator对象
02  strcpy(optr.m_Name,"MR");          // 复制字符串
03  optr.OutputName();                  // 调用COperator类的OutputName成员函数
04  optr.CEmployee::OutputName();       // 调用CEmployee类的OutputName成员函数
```

如果在子类中隐藏了父类的成员函数，那么父类中所有同名的成员函数（重载函数）均被隐藏。如果想要访问被隐藏的父类成员函数，则依然需要指定父类名。例如：

```
01  COperator optr;                          // 定义一个COperator对象
02  optr.CEmployee::OutputName("MR");        // 调用父类中被隐藏的成员函数
```

在派生出一个子类后，可以定义一个父类类型指针，通过子类的构造函数为其创建对象。例如：

```
CEmployee *pWorker = new COperator ();      // 定义CEmployee类型指针，调用子类的构造函数
```

如果使用 pWorker 对象调用 OutputName 成员函数，例如，执行"pWorker->OutputName();"语句，那么调用的是 CEmployee 类的 OutputName 成员函数，还是 COperator 类的 OutputName 成员函数呢？答案是调用的是 CEmployee 类的 OutputName 成员函数。编译器对 OutputName 成员函数进行的是静态绑定，即根据对象定义时的类型来确定调用哪个类的成员函数。由于 pWorker 属于 CEmployee 类型，因此调用的是 CEmployee 类的 OutputName 成员函数。那么，是否有成员函数执行"pWorker->Output-Name();"语句，调用 COperator 类的 OutputName 成员函数呢？答案是通过定义虚函数可以实现。虚函数会在后面的章节中讲到。

拓展训练

（1）定义一个人类，它有一个成员函数SayHello()，输出"Hello，我是人类"；再定义一个教师类，它也有一个成员函数SayHello()，输出"Hello，我是教师"。在main函数中定义人类和教师类的变量，并分别调用SayHello()函数，观察输出结果。（资源包\Code\Try\115）
（2）自定义一个Vehicle（交通工具）类，作为父类，在该类中自定义一个move()函数；再自定义一个Train（火车）类和一个Car（汽车）类，它们都继承Vehicle类，在这两个子类中重写父类中的move()函数，输出"交通工具都可以移动""火车在铁轨上行驶""汽车在公路上行驶"。（资源包\Code\Try\116）

11.2 重载运算符

视频讲解

▶ 视频讲解：资源包\Video\11\11.2重载运算符.mp4

运算符实际上是一个函数，所以运算符的重载就是函数的重载。编译程序对运算符重载的选择，遵循函数重载的选择原则。当遇到不是很明显的运算时，编译程序会去寻找与参数相匹配的运算符函数。

11.2.1 重载运算符的必要性

C++ 语言中的数据类型分为基本数据类型和构造数据类型，其中基本数据类型可以直接完成算术

运算。例如：

```
01  #include <iostream>
02  using namespace std;
03  int main()
04  {
05      int a=10;
06      int b=20;
07      cout << a+b << endl;        // 两个整型变量相加
08  }
```

程序中实现了两个整型变量相加，可以正确输出结果 30。两个浮点型变量也可以直接运用加法运算符 "+" 求和。但是类属于构造数据类型，两个类对象无法通过加法运算符来求和。要实现两个类对象的加法运算有两种方法，其中一种是使用成员函数，另一种是通过重载运算符。

使用成员函数实现求和，代码如下：

```
01  #include <iostream>
02  using namespace std;
03  class CBook
04  {
05  public:
06      CBook (int iPage)
07      {
08          m_iPage=iPage;
09      }
10      int add(CBook a)
11      {
12          return m_iPage+a.m_iPage;
13      }
14  protected:
15      int m_iPage;
16  };
17  int main()
18  {
19      CBook bk1(10);
20      CBook bk2(20);
21      cout << bk1.add(bk2) << endl;
22  }
```

程序可以正确输出结果 30。使用成员函数实现求和形式比较单一，而且不利于代码复用。如果要实现多个对象的累加，则代码的可读性会大大降低。而使用重载运算符的方法就可以解决这些问题。

11.2.2　重载运算符的形式与规则

重载运算符的形式如下：

```
operator类型名称();
```

operator 是需要重载的运算符，整个语句没有返回类型，因为类型名称就代表了它的返回类型。重载运算符将对象转换成类型名称所表示的类型，转换的形式就像强制类型转换一样，但如果没有重载运算符的定义，直接进行强制类型转换，编译器将无法通过编译。

重载运算符不可以新创建运算符，只能是 C++ 语言中已有的运算符。可以重载的运算符如下。

☑ 算术运算符：+、-、*、/、%、++、--

☑ 位操作运算符：&、|、~、^、>>、<<

☑ 逻辑运算符：!、&&、||

☑ 比较运算符：<、>、>=、<=、==、!=

☑ 赋值运算符：=、+=、-=、*=、/=、%=、&=、|=、^=、<<=、>>=

☑ 其他运算符：[]、()、->、逗号、new、delete、new[]、delete[]、->*

并不是 C++ 语言中所有已有的运算符都可以重载，不允许重载的运算符有 "."".*""::""?"":"。

在重载运算符时，不能改变运算符操作数的个数，不能改变运算符原有的优先级，不能改变运算符原有的结合性，不能改变运算符原有的语法结构，即单目运算符只能被重载为单目运算符，双目运算符只能被重载为双目运算符。重载运算符的含义必须清楚，不能有二义性。

实例 04 通过重载运算符实现求和　　　　　实例位置：资源包\Code\SL\11\04

```
01 #include <iostream>
02 using namespace std;
03 class CBook
04 {
05 public:
06     CBook (int iPage)
07     {
08         m_iPage=iPage;
09     }
10     CBook operator+( CBook b)
11     {
12         return CBook (m_iPage+b.m_iPage);
13     }
14     void display()
15     {
16         cout << m_iPage << endl;
17     }
18 protected:
19     int m_iPage;
20 };
21
22 int main()
23 {
24     CBook bk1(10);
25     CBook bk2(20);
26     CBook tmp(0);
27     tmp= bk1+bk2;
28     tmp.display();
29 }
```

程序运行结果如图 11.4 所示。

图 11.4　通过重载运算符实现求和

CBook 类重载了加法运算符后，由它声明的两个对象 bk1 和 bk2 可以像两个整型变量一样相加。

（1）定义一个CString类代表字符串，重载 "+" 运算符，实现两个字符串的连接功能。（**资源包\Code\Try\117**）

（2）定义一个火车类，类中有一个count变量记录火车有多少节车厢，重载 ">" 运算符，实现判断两列火车中哪一列火车的载客数量更多。（**资源包\Code\Try\118**）

11.2.3　重载运算符的运算

重载运算符后可以完成对象与对象之间的运算，同样可以通过重载运算符实现对象与基本类型数据之间的运算。例如：

```
01 #include <iostream>
02 using namespace std;
03 class CBook
04 {
05 public:
06     int m_Pages;
07     void OutputPages()
08     {
09         cout << m_Pages<< endl;
10     }
11     CBook()
12     {
13         m_Pages=0;
14     }
15     CBook operator+(const int page)
16     {
17         CBook bk;
18         bk.m_Pages = m_Pages + page;
19         return bk;
20     }
21 };
22 int main()
23 {
24     CBook vbBook,vfBook;
25     vfBook = vbBook + 10;
26     vfBook. OutputPages();
27 }
```

通过修改运算符的参数为整数，可以实现 CBook 对象与整数的相加。

对于两个整型变量的相加，可以调换加数和被加数的顺序，因为加法运算符合交换律。但是，对于通过重载运算符实现的两个不同类型的对象相加，则不可以。例如，下面的代码是非法的。

```
vfBook = 10 + vbBook;                              // 非法的代码
```

对于"++"和"--"运算符，由于涉及前置运算和后置运算，在重载这类运算符时如何区分呢？在默认情况下，如果重载运算符没有参数，则表示是前置运算。例如：

```
01  void operator++()                              // 前置运算
02  {
03      ++m_Pages;
04  }
```

如果重载运算符使用了整数作为参数，则表示是后置运算，此时的参数值可以被忽略，它只是一个标识符，用于标识后置运算。

```
01  void operator++(int)                           // 后置运算
02  {
03      ++m_Pages;
04  }
```

在默认情况下，将一个整数赋值给一个对象是非法的，但是可以通过重载赋值运算符将其变为合法的。例如：

```
01  void operator = (int page)                     // 重载赋值运算符
02  {
03      m_Pages = page;
04  }
```

本书 10.2.2 节介绍了通过复制构造函数将一个对象复制成另一个对象，通过重载赋值运算符也可以实现将一个整数赋值给一个对象。例如：

```
01  #include <iostream>
02  using namespace std;
03  class CBook
04  {
05  public:
06      int m_Pages;
07      void OutputPages()
08      {
09          cout << m_Pages<< endl;
10      }
11      CBook(int page)
12      {
13          m_Pages = page;
14      }
15      operator=(const int page)
16      {
17          m_Pages = page;
18      }
19  };
20  int main()
```

```
21 {
22     CBook mybk(0);
23     mybk=100;
24     mybk.OutputPages();
25 }
```

　　程序中重载了赋值运算符，给 mybk 对象赋值 100，并通过 OutputPages 成员函数将该值输出。

　　通过重载构造函数，也可以将一个整数赋值给一个对象。例如：

```
01 #include <iostream>
02 using namespace std;
03 class CBook
04 {
05 public:
06     int m_Pages;
07     void OutputPages()
08     {
09         cout <<m_Pages<< endl;
10     }
11     CBook()
12     {
13         ;
14     }
15     CBook(int page)
16     {
17         m_Pages = page;
18     }
19 };
20 int main()
21 {
22     CBook vbBook;
23     vbBook = 200;
24     vbBook.OutputPages();
25 }
```

　　程序中定义了一个重载的构造函数，以一个整数作为函数参数，这样就可以将一个整数赋值给一个 CBook 类对象。"vbBook = 200;"语句将调用 CBook(int page) 构造函数重新构造一个 CBook 对象，并将其赋值给 vbBook 对象。

11.2.4 转换运算符

　　C++ 语言中的基本数据类型可以进行强制类型转换。例如：

```
01 int i=10;
02 double d;
03 d=(double)i;
```

　　代码中将整数 i 强制转换成双精度类型。

语句：

```
d=(double)i;
```

等同于

```
d=double(i);
```

double() 在 C++ 语言中被称为转换运算符。通过重载转换运算符可以将类对象转换成自己想要的数据。

11.3 多重继承

视频讲解

📹 视频讲解：资源包\Video\11\11.3多重继承.mp4

前面介绍的继承方式属于单重继承，即子类只从一个父类继承公有的和受保护的成员。与其他面向对象语言不同，C++ 语言允许子类从多个父类继承公有的和受保护的成员，这被称为多重继承。

11.3.1 多重继承的定义

多重继承是指有多个父类名标识符，其声明形式如下：

```
class 子类名标识符：[继承方式] 父类名标识符1,…,访问控制修饰符 父类名标识符n
{
    [访问控制修饰符:]
    [成员声明列表]
};
```

声明形式中有 ":" 运算符，父类名标识符之间用 "," 运算符分隔。

例如，鸟能够在天空飞翔，鱼能够在水里游，而水鸟既能够在天空飞翔，又能够在水里游。那么在定义水鸟类时，可以将鸟类和鱼类同时作为其父类。

```
01  #include <iostream>
02  using namespace std;
03  class CBird                              // 定义鸟类
04  {
05  public:
06      void FlyInSky()                      // 定义成员函数
07      {
08          cout << "鸟能够在天空飞翔"<< endl;   // 输出信息
09      }
10      void Breath()                        // 定义成员函数
11      {
12          cout << "鸟能够呼吸"<< endl;        // 输出信息
13      }
14  };
15  class CFish                              // 定义鱼类
16  {
```

```
17 public:
18     void SwimInWater()                              // 定义成员函数
19     {
20         cout << "鱼能够在水里游"<< endl;              // 输出信息
21     }
22     void Breath()                                   // 定义成员函数
23     {
24         cout << "鱼能够呼吸"<< endl;                  // 输出信息
25     }
26 };
27 class CWaterBird: public CBird, public CFish        // 定义水鸟类，从鸟类和鱼类派生
28 {
29 public:
30     void Action()                                   // 定义成员函数
31     {
32         cout << "水鸟既能飞又能游"<< endl;            // 输出信息
33     }
34 };
35 int main(int argc, char* argv[])                    // 主函数
36 {
37     CWaterBird waterbird;                           // 定义一个水鸟类对象
38     waterbird.FlyInSky();                           // 调用从鸟类继承的FlyInSky成员函数
39     waterbird.SwimInWater();                        // 调用从鱼类继承的SwimInWater成员函数
40     return 0;
41 }
```

程序运行结果如图 11.5 所示。

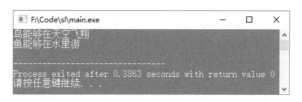

图 11.5　多重继承

程序中定义了一个鸟类 CBird 和一个鱼类 Cfish，然后从鸟类和鱼类派生了一个子类，即水鸟类 CWaterBird。水鸟类自然继承了鸟类和鱼类的所有公有的和受保护的成员，因此 CWaterBird 类对象能够调用 FlyInSky 和 SwimInWater 成员函数。CBird 类中提供了一个 Breath 成员函数，CFish 类中同样提供了一个 Breath 成员函数，如果 CWaterBird 类对象调用 Breath 成员函数，那么会执行哪个类的 Breath 成员函数呢？答案是将会出现编译错误，编译器将产生歧义，不知道具体调用哪个类的 Breath 成员函数。为了让 CWaterBird 类对象能够访问 Breath 成员函数，需要在 Breath 成员函数前具体指定类名。例如：

```
01 waterbird.CFish::Breath();                         // 调用CFish类的Breath成员函数
02 waterbird.CBird::Breath();                         // 调用CBird类的Breath成员函数
```

在多重继承中存在这样一种情况：假如 CBird 类和 CFish 类均派生于同一个父类，例如 CAnimal 类，那么当从 CBird 类和 CFish 类派生 CWaterBird 子类时，在 CWaterBird 类中将存在两个 CAnimal 类的副本。在派生 CWaterBird 类时，能否使其只存在一个 CAnimal 父类呢？为了解决该问题，C++ 语

言提供了虚继承机制（虚继承会在后面的章节中讲到）。

11.3.2 二义性

子类在调用成员函数时，先在自己的作用域内寻找，如果找不到，再到父类中寻找。但是当子类继承的父类中有同名成员时，子类中就会出现来自不同父类的同名成员。例如：

```
01  class CBaseA
02  {
03  public:
04      void function();
05  };
06  class CBaseB
07  {
08  public:
09      void function();
10  };
11  class CDeriveC:public CBaseA,public CBaseB
12  {
13  public:
14      void function();
15  };
```

CBaseA 类和 CBaseB 类都是 CDeriveC 类的父类，并且两个父类中都有 function 成员函数，CDeriveC 类将不知道调用哪个父类的 function 成员函数，这就产生了二义性。

11.3.3 多重继承的构造顺序

11.1.3 节讲过，单重继承是先调用父类的构造函数，再调用子类的构造函数，那么多重继承将如何调用构造函数呢？在多重继承中，父类构造函数的调用顺序以类派生表中声明的顺序为准。派生表就是多重继承定义中"继承方式"后面的内容，父类构造函数的调用顺序就是父类名标识符的前后顺序。

实例 05　多重继承的构造顺序　　　　　　　　　　实例位置：资源包\Code\SL\11\05

```
01  #include <iostream>
02  using namespace std;
03  class CBicycle
04  {
05  public:
06      CBicycle()
07      {
08          cout << "Bicycle Construct" << endl;
09      }
10      CBicycle(int iWeight)
11      {
12          m_iWeight=iWeight;
13      }
14      void Run()
15      {
```

```
16          cout << "Bicycle Run" << endl;
17      }
18  protected:
19      int m_iWeight;
20  };
21  class CAirplane
22  {
23  public:
24      CAirplane()
25      {
26          cout << "Airplane Construct " << endl;
27      };
28      CAirplane(int iWeight)
29      {
30          m_iWeight=iWeight;
31      }
32      void Fly()
33      {
34          cout << "Airplane Fly " << endl;
35      }
36  protected:
37      int m_iWeight;
38  };
39  class CAirBicycle : public CBicycle, public CAirplane
40  {
41  public:
42      CAirBicycle()
43      {
44          cout << "CAirBicycle Construct" << endl;
45      }
46      void RunFly()
47      {
48          cout << "Run and Fly" << endl;
49      }
50  };
51  int main()
52  {
53      CAirBicycle ab;
54      ab.RunFly();
55  }
```

程序运行结果如图 11.6 所示。

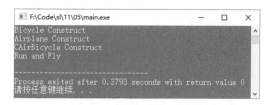

图 11.6　多重继承的构造顺序

程序中父类的声明顺序是先 CBicycle 类后 CAirplane 类，所以对象的构造顺序就是先 CBicycle 类后 CAirplane 类，最后是 CAirBicycle 类。

拓展训练

（1）定义一个男人类和一个教师类，再定义一个男教师类，它继承前两个类；在main函数中定义一个"男教师"类型的变量，查看两个类的构造函数的调用顺序。（资源包\Code\Try\119）

（2）定义一个可移动类和一个可唱歌类，再定义一个精灵类，它继承前两个类；在main函数中定义一个"精灵"类型的变量，查看两个类的构造函数的调用顺序。（资源包\Code\Try\120）

11.4 多态

视频讲解

📹 视频讲解：资源包\Video\11\11.4多态.mp4

多态（polymorphism）是面向对象程序设计的一个重要特征，利用多态可以设计和实现一个易于扩展的系统。在 C++ 语言中，多态是指具有不同功能的函数可以使用同一个函数名称，这样就可以通过一个函数名称调用不同内容的函数，当发出的同样的消息被不同类型的对象接收时，就会有完全不同的行为。这里所说的"消息"主要是指类的成员函数的调用，而"不同的行为"是指不同的实现。

多态通过联编实现。联编是指一个计算机程序自身彼此关联的过程。按照联编所进行的阶段的不同，可分为两种不同的联编方法：静态联编和动态联编。在 C++ 语言中，根据联编时刻的不同，存在两种类型的多态，即函数重载和虚函数。

11.4.1 虚函数概述

在类的继承层次结构中，在不同的层次可以出现名称、参数个数和类型都相同而功能不同的函数。编译器按照先子类后父类的顺序进行查找覆盖，如果子类中有与父类中原型相同的成员函数，要想调用父类的成员函数，则需要对父类重新引用调用。虚函数则可以解决子类和父类中原型相同的成员函数的调用问题。虚函数允许在子类中重新定义与父类中同名的函数，并且可以通过父类指针或引用来访问父类和子类中的同名函数。

在父类中使用 virtual 关键字声明成员函数为虚函数，在子类中重新定义此函数时，改变该函数的功能。在 C++ 语言中，虚函数可以被继承，当一个成员函数被声明为虚函数后，子类中的同名函数都会自动成为虚函数。但如果子类没有覆盖父类的虚函数，那么在调用时将调用父类的函数。

覆盖和重载的区别是，重载是指同一层次的函数名称相同，覆盖是指在继承层次中成员函数的原型完全相同。

11.4.2 利用虚函数实现动态绑定

多态主要体现在虚函数上，只要有虚函数存在，对象类型就会在程序运行时动态绑定。动态绑定的实现方法是定义一个指向父类对象的指针变量，并使它指向同一类族中需要调用虚函数的对象，通过该指针变量调用此虚函数。

实例 06　利用虚函数实现动态绑定　　　　　　　　　　　实例位置：资源包\Code\SL\11\06

```cpp
01 #include <iostream>
02 #include <string.h>
03 using namespace std;
04 class CEmployee                              // 定义CEmployee类
05 {
06 public:
07     int m_ID;                                // 定义数据成员
08     char m_Name[128];                        // 定义数据成员
09     char m_Depart[128];                      // 定义数据成员
10     CEmployee()                              // 定义构造函数
11     {
12         memset(m_Name,0,128);                // 初始化数据成员
13         memset(m_Depart,0,128);              // 初始化数据成员
14     }
15     virtual void OutputName()                // 定义一个虚函数
16     {
17         cout << "员工姓名: "<<m_Name << endl; // 输出信息
18     }
19 };
20 class COperator :public CEmployee            // 从CEmployee类派生一个子类
21 {
22 public:
23     char m_Password[128];                    // 定义数据成员
24     void OutputName()                        // 定义OutputName虚函数
25     {
26         cout << "操作员姓名: "<<m_Name<< endl; // 输出信息
27     }
28 };
29 int main(int argc, char* argv[])
30 {
31     // 定义CEmployee类型指针，调用COperator类的构造函数
32     CEmployee *pWorker = new COperator();
33     strcpy(pWorker->m_Name,"MR");            // 设置m_Name数据成员信息
34     pWorker->OutputName();                   // 调用COperator类的OutputName成员函数
35     delete pWorker;                          // 释放对象
36     return 0;
37 }
```

在上面的代码中，在 CEmployee 类中定义了一个 OutputName 虚函数，在 COperator 子类中改写了 OutputName 成员函数。COperator 类中的 OutputName 成员函数即使没有使用 virtual 关键字修饰，它也仍然为虚函数。接下来定义了一个 CEmployee 类型指针，调用 COperator 类的构造函数构造对象。

程序运行结果如图 11.7 所示。

图 11.7　利用虚函数实现动态绑定

从图 11.7 中可以看出，"pWorker->OutputName();"语句调用的是 COperator 类的 OutputName 成员函数。虚函数有以下几个方面的限制。

☑ 只有类的成员函数才能成为虚函数。

☑ 静态成员函数不能是虚函数，因为静态成员函数不受限于某个对象。

☑ 内联函数不能是虚函数，因为内联函数是不能在运行中动态确定其位置的。

☑ 构造函数不能是虚函数，析构函数通常是虚函数。

（1）定义一个人类，它有一个成员函数virutal void SayHello()，该函数输出"我是人类"；再定义一个学生类，它也有一个成员函数SayHello()，该函数输出"我是一个学生"；在main函数中，声明人类的指针"p"，并分别用人类和学生类的变量对该指针进行赋值；之后调用"p->SayHello()"，观察当赋值的变量不同时函数的输出。（资源包\Code\Try\121）

（2）在"练习一"的基础上，给人类和学生类分别定义一个成员函数void SayBoodbye();，然后使用同样的方法调用这个函数，查看结果是否是所期望的，如果不是，请解释为什么。（资源包\Code\Try\122）

11.4.3 虚继承

11.3.1 节讲到从 CBird 类和 CFish 类派生 CWaterBird 子类时，CWaterBird 类中将存在两个 CAnimal 类的副本。那么，如何在派生 CWaterBird 类时使其只存在一个 CAnimal 类的副本呢？C++ 语言提供的虚继承机制解决了这个问题。

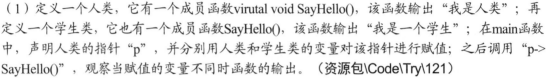

实例 07　虚继承	实例位置：资源包\Code\SL\11\07

```
01 #include <iostream>
02 using namespace std;
03 class CAnimal                              // 定义一个动物类
04 {
05 public:
06     CAnimal()                             // 定义构造函数
07     {
08         cout << "动物类被构造"<< endl;       // 输出信息
09     }
10     void Move()                           // 定义成员函数
11     {
12         cout << "动物能够移动"<< endl;       // 输出信息
13     }
14 };
15 class CBird : virtual public CAnimal       // 从CAnimal类虚继承CBird类
16 {
17 public:
18     CBird()                               // 定义构造函数
19     {
20         cout << "鸟类被构造"<< endl;         // 输出信息
21     }
22     void FlyInSky()                       // 定义成员函数
23     {
```

```
24          cout << "鸟能够在天空飞翔"<< endl;          // 输出信息
25      }
26      void Breath()                                    // 定义成员函数
27      {
28          cout << "鸟能够呼吸"<< endl;                // 输出信息
29      }
30 };
31 class CFish: virtual public CAnimal                  // 从CAnimal类虚继承CFish类
32 {
33 public:
34      CFish()                                          // 定义构造函数
35      {
36          cout << "鱼类被构造"<< endl;                // 输出信息
37      }
38      void SwimInWater()                               // 定义成员函数
39      {
40          cout << "鱼能够在水里游"<< endl;            // 输出信息
41      }
42      void Breath()                                    // 定义成员函数
43      {
44          cout << "鱼能够呼吸"<< endl;                // 输出信息
45      }
46 };
47 class CWaterBird: public CBird, public CFish          // 从CBird类和CFish类派生CWaterBird子类
48 {
49 public:
50      CWaterBird()                                     // 定义构造函数
51      {
52          cout << "水鸟类被构造"<< endl;              // 输出信息
53      }
54      void Action()                                    // 定义成员函数
55      {
56          cout << "水鸟既能飞又能游"<< endl;          // 输出信息
57      }
58 };
59 int main(int argc, char* argv[])                      // 主函数
60 {
61      CWaterBird waterbird;                            // 定义一个CWaterBird对象
62      return 0;
63 }
```

程序运行结果如图 11.8 所示。

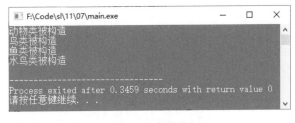

图 11.8　虚继承

上面的代码在定义 CBird 类和 CFish 类时使用了 virtual 关键字，它们是从 CAnimal 类派生的。实际上，虚继承对 CBird 类和 CFish 类没有多少影响，但对 CWaterBird 类产生了很大的影响。CWaterBird 类中不再有两个 CAnimal 类的副本，而只存在一个 CAnimal 类的副本。

拓展训练

（1）定义一个交通工具类，它有船类和汽车类两个子类；再定义一个水陆两栖汽车类，它继承船类和汽车类。验证水陆两栖汽车类是否存在两个交通工具类的副本，如果存在，则通过虚继承解决这个问题。（**资源包\Code\Try\123**）

（2）定义一个动物类；再定义一个鸟类和一个哺乳类，它们继承动物类；定义一个鸭嘴兽类，它继承鸟类和哺乳类。验证鸭嘴兽类是否存在两个动物类的副本，如果存在，则通过虚继承解决这个问题。（**资源包\Code\Try\124**）

通常，在定义一个对象时，先依次调用父类的构造函数，再调用自身的构造函数。但是对于虚继承来说，情况有些不同。在定义 CWaterBird 类对象时，先调用 CAnimal 父类的构造函数，再调用 CBird 类的构造函数，这里 CBird 类虽然是 CAnimal 类的子类，但是在调用 CBird 类的构造函数时，将不再调用 CAnimal 类的构造函数。对于 CFish 类也是如此。

在程序开发过程中，多重继承虽然带来了很多方便，但是很少有人愿意使用它，因为多重继承会带来很多复杂的问题，并且它能够完成的功能通过单重继承同样可以实现。如今流行的 C#、Delphi、Java 等面向对象语言没有提供多重继承的功能，只采用了单重继承，是经过设计者充分考虑的。因此，读者在开发应用程序时，如果能够使用单重继承来实现功能，则尽量不要使用多重继承。

11.5 抽象类

视频讲解

视频讲解：资源包\Video\11\11.5抽象类.mp4

包含有纯虚函数（pure virtual function）的类被称为抽象类。一个抽象类至少有一个纯虚函数。抽象类只能作为从父类派生的新的子类，而不能在程序中被实例化（即不能声明抽象类的对象），但是可以使用指向抽象类的指针。在开发程序过程中，并不是所有的代码都是由软件架构师自己写的，他有时候需要调用库函数，有时候需要分给别人写。软件架构师可以通过纯虚函数建立接口，然后让程序员填写代码实现接口，而自己主要负责建立抽象类。

纯虚函数是指被标明不具体实现的虚函数，它不具备函数的功能。在很多情况下，在父类中不能给虚函数一个有意义的定义，这时就可以在父类中将它声明为纯虚函数，而将其实现留给子类去做。纯虚函数不能被直接调用，它仅起到提供一个与子类相一致的接口的作用。纯虚函数的声明形式如下：

```
virtual  类型 函数名称（参数列表）=0;
```

纯虚函数不可以被继承。当父类是抽象类时，在子类中必须给出父类中纯虚函数的定义，或者在子类中再将其声明为纯虚函数。只有在子类中给出了父类中所有纯虚函数的实现，该子类才不会成为抽象类。

实例 08   创建纯虚函数　　　　　　　　　　　**实例位置：资源包\Code\SL\11\08**

```
01 #include <iostream>
02 using namespace std;
```

```
03 class CFigure
04 {
05 public:
06     virtual double getArea() =0;
07 };
08 const double PI=3.14;
09 class CCircle : public CFigure
10 {
11 private:
12     double m_dRadius;
13 public:
14     CCircle(double dR){m_dRadius=dR;}
15     double getArea()
16     {
17         return m_dRadius*m_dRadius*PI;
18     }
19 };
20 class CRectangle : public CFigure
21 {
22 protected:
23     double m_dHeight,m_dWidth;
24 public:
25     CRectangle(double dHeight,double dWidth)
26     {
27         m_dHeight=dHeight;
28         m_dWidth=dWidth;
29     }
30     double getArea()
31     {
32         return m_dHeight*m_dWidth;
33     }
34 };
35 int main()
36 {
37     CFigure *fg1;
38     fg1= new CRectangle(4.0,5.0);
39     cout << fg1->getArea() << endl;
40     delete fg1;
41     CFigure *fg2;
42     fg2= new CCircle(4.0);
43     cout << fg2->getArea() << endl;
44     delete fg2;
45 }
```

程序运行结果如图 11.9 所示。

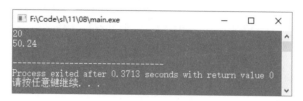

图 11.9 创建纯虚函数

程序中定义了一个矩形类 CRectangle 和一个圆形类 CCircle，这两个类都派生自图形类 CFigure。图形类在现实生活中是一个不存在的对象，抽象类面积的计算方法不确定，所以将图形类 CFigure 的面积计算方法设置为纯虚函数。这样一来，圆形有圆形面积的计算方法，矩形有矩形面积的计算方法，每个继承自 CFigure 类的对象都有自己的面积，通过 getArea 成员函数就可以获取面积值。

注意

对于包含纯虚函数的类来说，是不能够被实例化的，"CFigure figure;" 是错误的。

拓展训练

（1）创建一个工厂类，该类中有一个抽象的生产方法；再创建一个汽车厂类和一个鞋厂类，汽车厂生产的是汽车，鞋厂生产的是鞋。（资源包\Code\Try\125）

（2）创建一个Graphical（图形）类，该类中有一个计算面积的方法；再创建一个圆形类和一个矩形类，它们都继承了图形类，输出圆形和矩形的面积。（资源包\Code\Try\126）

11.6 小结

本章介绍了面向对象程序设计中的关键技术——继承与派生。继承与派生在使用上涉及二义性、访问顺序、运算符重载等许多技术问题，正确理解和处理这些技术问题有利于掌握继承的使用方法。继承中还涉及多重继承，这提高了面向对象开发的灵活性。面向对象可以建立抽象类，由抽象类派生新类，从而形成对类的一定管理。

第 **12** 章
模板

（ ▶ 视频讲解：21 分钟）

本章概览

模板是 C++ 语言的高级特性，模板分为函数模板和类模板，对于程序员来说，要完全掌握 C++ 模板的用法并不容易。模板使程序员能够快速建立类型安全的类库集合和函数集合，它的实现大大方便了大规模软件开发。本章将介绍 C++ 模板的基本概念、函数模板和类模板，使读者有效地掌握模板的用法，正确使用 C++ 语言日益庞大的标准模板库（STL）。

知识框架

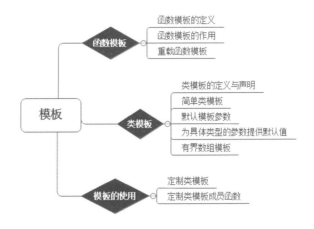

12.1 函数模板

▶ 视频讲解：资源包\Video\12\12.1函数模板.mp4

函数模板不是一个实在的函数，编译器不能为其生成可执行代码。定义函数模板，只是对函数功能框架的描述，当它具体执行时，将根据所传递的实际参数决定其功能。

12.1.1 函数模板的定义

函数模板定义的一般形式如下：

```
template <类型形式参数表> 返回类型 函数名称(形式参数表)
{
    ...      // 函数体
}
```

template 为关键字，表示定义一个模板；尖括号 "<>" 表示模板参数，模板参数主要有两种，其中一种是模板类型参数，另一种是模板非类型参数。下面代码中定义的模板使用的是模板类型参数，模板类型参数使用 class 或 typedef 关键字修饰，其后是一个用户定义的合法标识符。模板非类型参数与普通参数相同，通常为一个常数。

函数模板声明可以分成两部分：template 部分和函数名称部分。例如：

```
01 template<class T>
02 void fun(T t)
03 {
04     ...      // 函数实现
05 }
```

定义一个求和的函数模板。例如：

```
01 template <class type>              // 定义一个模板类型
02 type Sum(type xvar,type yvar)      // 定义函数模板
03 {
04     return xvar + yvar;
05 }
```

在定义完函数模板之后，需要在程序中调用函数模板。下面的代码演示了 Sum 函数模板的调用。

```
int iret = Sum(10,20);              // 实现两个整数的相加
double dret = Sum(10.5,20.5);       // 实现两个实数的相加
```

如果采用如下形式调用 Sum 函数模板，将会出现错误。

```
int iret = Sum(10.5,20);            // 错误的调用
double dret = Sum(10,20.5);         // 错误的调用
```

在上面的代码中，为函数模板传递了两个类型不同的参数，编译器产生了歧义。如果在调用函数模板时显式标识模板类型，就不会出现错误了。例如：

```
01 int iret = Sum<int>(10.5,20);        // 正确调用函数模板
02 double dret = Sum<double>(10,20.5);  // 正确调用函数模板
```

使用函数模板生成的实际可执行函数被称为模板函数。函数模板与模板函数不是一个概念。从本质上讲，函数模板是一个"框架"，它不是真正可以编译生成代码的程序；而模板函数是把函数模板中的类型参数实例化后生成的函数，它和普通函数本质是相同的，可以生成可执行代码。

12.1.2 函数模板的作用

如果想求两个整数之间的最大值和两个实数之间的最大值，则需要定义两个 max 函数，如下所示。

```
01  int max(int a, int b)
02  {
03      return a>b?a: b;        // 返回最大值
04  }
05  float max(float a, float b)
06  {
07      return a>b?a: b;        // 返回最大值
08  }
```

　　能不能通过一个 max 函数来完成既求整数的最大值又求实数的最大值呢？答案是使用函数模板和 #define 宏定义。

　　#define 宏定义可以在预编译期对代码进行替换。例如：

```
#define max(a,b) ((a) > (b) ? (a) : (b))
```

　　上面的代码可以求整数的最大值和实数的最大值。但 #define 宏定义只是进行简单替换，它无法对类型进行检查，有时计算结果还可能不是所预期的。例如：

```
01  #include <iostream>
02  #include <iomanip>
03  using namespace std;
04  #define max(a,b) ((a) > (b) ? (a) : (b))
05  int main()
06  {
07      int m=0,n=0;
08      cout << max(m,++n) << endl;
09      cout << m << setw(2) << endl;
10  }
```

　　程序运行结果如图 12.1 所示。

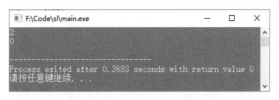

图 12.1 利用宏定义求最大值

　　程序运行的预期结果应该是 1 和 0，那为什么输出 2 和 0 这样的结果呢？原因在于宏替换之后，++n 被执行了两次，因此 n 的值是 2，而不是 1。

　　宏是预编译指令，很难调试，无法单步进入宏的代码中。模板函数和 #define 宏定义相似，但模板函数是用模板实例化得到的函数，它与普通函数没有本质区别，可以重载模板函数。

　　使用模板函数求最大值的代码如下：

```
01  template<class Type>
02  Type max(Type a,Type b)
03  {
04      if(a > b)
05          return a;
06      else
```

```
07          return b;
08    }
```

调用模板函数 max，可以正确计算出整数的最大值和实数的最大值。例如：

```
01  cout << "最大值: " << max(10,1) << endl;
02  cout << "最大值: " << max(200.05,100.4) << endl;
```

实例 01　使用数组作为模板参数　　　　　　　　　　　**实例位置：资源包\Code\SL\12\01**

```
01  #include <iostream>
02  using namespace std;
03  template <class type,int len>           // 定义一个模板类型
04  type Max(type array[len])               // 定义函数模板
05  {
06      type ret = array[0];                      // 定义一个变量
07      for(int i=1; i<len; i++)                  // 遍历数组元素
08      {
09          ret = (ret > array[i])? ret : array[i];   // 比较数组元素大小
10      }
11      return ret;                         // 返回最大值
12  }
13  int main()
14  {
15      int array[5] = {1,2,3,4,5};         // 定义一个整型数组
16      int iret = Max<int,5>(array);       // 调用函数模板Max
17      double dset[3] = {10.5,11.2,9.8};   // 定义实数数组
18      double dret = Max<double,3>(dset);  // 调用函数模板Max
19      cout << dret << endl;
20  }
```

程序运行结果如图 12.2 所示。

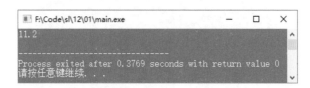

图 12.2　使用数组作为模板参数

程序中定义了一个函数模板 Max，用来求数组中元素的最大值。模板参数使用了模板类型参数 type 和模板非类型参数 len，其中 type 参数声明了数组中的元素类型，len 参数声明了数组中的元素个数。给定数组元素后，程序将数组中的最大值输出。

拓展训练

（1）定义一个函数，该函数可以接收一个数组作为参数，并求得数组中所有元素之和（要求可以接收整型数组和浮点型数组）。（**资源包\Code\Try\127**）

（2）定义一个函数，该函数可以接收一个数组作为参数，并输出数组中所有的正数（要求可以接收整型数组和浮点型数组）。（**资源包\Code\Try\128**）

12.1.3 重载函数模板

对于整型数据和实型数据，编译器可以直接进行比较，所以使用函数模板后也可以直接进行比较。但如果是字符指针指向的字符串，该如何比较呢？答案是通过重载函数模板来实现。通常，字符串需要库函数来进行比较，通过重载函数模板实现字符串的比较。

实例 02　求出字符串的最小值　　　　　　　　实例位置：资源包\Code\SL\12\02

```cpp
01  #include <iostream>
02  #include <string.h>
03  using namespace std;
04  template<class Type>
05  Type min(Type a,Type b)            // 定义函数模板
06  {
07      if(a < b)
08          return a;
09      else
10          return b;
11  }
12  char * min(char * a,char * b)       // 重载函数模板
13  {
14      if(strcmp(a,b))
15          return b;
16      else
17          return a;
18  }
19  int main ()
20  {
21      cout << "最小值: " << ::min(10,1) << endl;
22      cout << "最小值: " << ::min('a','b') << endl;
23      cout << "最小值: " << ::min("hi","mr") << endl;
24  }
```

程序运行结果如图 12.3 所示。

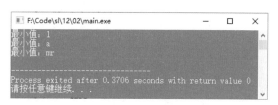

图 12.3 求出字符串的最小值

程序在重载的函数模板 min 的实现中，使用 strcmp 库函数来完成字符串的比较。此时使用 min 函数可以比较整型数据、实型数据、字符数据和字符串数据。

（1）定义一个能够求值的模板函数，并重载该模板函数，使其可以比较字符串的大小。（资源包\Code\Try\129）

（2）定义一个鸟类，该类有一个fly()函数；定义一个模板函数DoFly，该函数可以调用鸟类的fly()函数；重载模板函数，使其可以接收一个"飞机"类型的参数，并调用飞机类的fly()函数。（资源包\Code\Try\130）

12.2 类模板

视频讲解

▶ 视频讲解：资源包\Video\12\12.2类模板.mp4

使用 template 关键字不但可以定义函数模板，也可以定义类模板。类模板代表一族类，是用来描述通用数据类型或处理方法的机制，它使类中的一些数据成员和成员函数的参数或返回值可以取任意数据类型。类模板可以说是用类生成类，减少了类的定义数量。

12.2.1 类模板的定义与声明

类模板定义的一般形式如下：

```
template <类型形式参数表> class 类模板名称
{
...    // 类模板体
};
```

类模板成员函数定义的形式如下：

```
template <类型形式参数表>
返回类型 类模板名称 <类型名称表>::成员函数名称(形式参数列表)
{
...    // 函数体
}
```

template 是关键字，类型形式参数表与函数模板定义中的相同。在定义类模板的成员函数时，类模板名称与类模板定义中的要一致。类模板不是一个真实的类，需要重新生成类。生成类的形式如下：

```
类模板名称<类型实际参数表>
```

使用新生成的类定义对象，形式如下：

```
类模板名称<类型实际参数表> 对象名称
```

其中，类型实际参数表应与该类模板中的类型形式参数表匹配。使用类模板生成的类被称为模板类。类模板和模板类不是同一个概念。类模板是模板的定义，不是真实的类，在定义中要用到类型参数；模板类本质上与普通类相同，它是类模板的类型参数实例化之后得到的类。

定义一个容器的类模板。代码如下：

```
01  template<class Type>
02  class Container
03  {
04      Type tItem;
```

```
05    public:
06    Container(){};
07    void begin(const Type& tNew);
08    void end(const Type& tNew);
09    void insert(const Type& tNew);
10    void empty(const Type& tNew);
11 };
```

和普通类一样，需要对类模板的成员函数进行定义。代码如下：

```
01 void Container<type>:: begin (const Type& tNew)      // 容器的第一个元素
02 {
03     tItem=tNew;
04 }
05 void Container<type>:: end (const Type& tNew)        // 容器的最后一个元素
06 {
07     tItem=tNew;
08 }
09 void Container<type>::insert(const Type& tNew)       // 向容器中插入元素
10 {
11     tItem=tNew;
12 }
13 void Container<type>:: empty (const Type& tNew)      // 清空容器
14 {
15     tItem=tNew;
16 }
```

将模板类的参数设置为整型，然后使用模板类声明对象。代码如下：

```
Container<int> myContainer;          // 声明Container<int>类对象
```

在声明对象后，就可以调用类成员函数了。代码如下：

```
01 int i=10;
02 myContainer.insert(i);
```

在类模板定义中，类型形式参数表中的参数也可以是其他类模板。例如：

```
01 template < template<class A> class B>
02 class CBase
03 {
04 private:
05     B<int> m_n;
06 }
```

类模板也可以进行继承。例如：

```
01 template <class T>
02 class CDerived public T
03 {
04 public :
05     CDrived();
06 };
```

```
07 template <class T>
08 CDerived<T>::CDerived() : T()
09 {
10     cout << "" <<endl;
11 }
12 int main()
13 {
14     CDerived<CBase1> D1;
15     CDerived<CBase1> D1;
16 }
```

T 是一个类，CDerived 类继承该类，CDerived 类可以对 T 类进行扩展。

12.2.2 简单类模板

类模板中类型形式参数表中的参数可以在程序执行时指定，也可以在定义类模板时指定。下面看看类型参数如何在执行时指定。

例如：

```
01 #include <iostream>
02 using namespace std;
03 template<class T1,class T2>
04 class MyTemplate
05 {
06     T1 t1;
07     T2 t2;
08     public:
09         MyTemplate(T1 tt1,T2 tt2)
10         {t1 =tt1, t2=tt2;}
11         void display()
12         { cout << t1 << ' ' << t2 << endl;}
13 };
14 int main()
15 {
16     int a=123;
17     double b=3.1415;
18     MyTemplate<int, double> mt(a,b);
19     mt.display();
20 }
```

程序运行结果如图 12.4 所示。

图 12.4 简单类模板

程序中的 MyTemplate 是一个模板类，它使用整型和双精度类型作为参数。

12.2.3　默认模板参数

默认模板参数就是在定义类模板时为类型形式参数表中的一个类型参数设置的默认值，该默认值是一个数据类型。在有了默认数据类型参数后，在定义模板新类时就可以不进行指定了。

例如：

```
01  #include <iostream>
02  using namespace std;
03  template <class T1,class T2 = int>
04  class MyTemplate
05  {
06      T1 t1;
07      T2 t2;
08  public:
09      MyTemplate(T1 tt1,T2 tt2)
10      {t1=tt1;t2=tt2;}
11      void display()
12      {
13          cout<< t1 << ' ' << t2 << endl;
14      }
15  };
16  int main()
17  {
18      int a=123;
19      double b=3.1415;
20      MyTemplate<int, double> mt1(a,b);
21      MyTemplate<int> mt2(a,b);
22      mt1.display();
23      mt2.display();
24  }
```

程序运行结果如图 12.5 所示。

图 12.5 默认模板参数

12.2.4　为具体类型的参数提供默认值

默认模板参数是指在类模板中使用默认数据类型做参数，在定义类模板时还可以为默认数据类型声明变量，并为变量赋值。

例如：

```
01  #include <iostream>
02  using namespace std;
```

```
03  template<class T1,class T2,int num= 10 >
04  class MyTemplate
05  {
06      T1 t1;
07      T2 t2;
08  public:
09      MyTemplate(T1 tt1,T2 tt2)
10      {t1 =tt1+num, t2=tt2+num;}
11      void display()
12      { cout << t1 << ' ' << t2 <<endl;}
13  };
14  int main()
15  {
16      int a=123;
17      double b=3.1415;
18      MyTemplate<int, double> mt1(a,b);
19      MyTemplate<int, double ,100> mt2(a,b);
20      mt1.display();
21      mt2.display();
22  }
```

程序运行结果如图 12.6 所示。

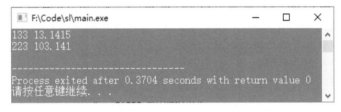

图 12.6 为具体类型的参数提供默认值

12.2.5 有界数组模板

C++ 语言不能检查数组下标是否越界。如果数组下标越界，则会造成程序崩溃。程序员在编辑代码时也很难发现下标越界错误。那么，如何能让数组进行下标越界检测呢？答案是建立数组模板，在定义模板时对数组下标进行检测。

在模板中想要获取下标值，需要重载数组下标运算符"[]"，然后使用模板类实例化的数组就可以进行下标越界检测了。例如：

```
01  #include <cassert>
02  template <class T,int b>
03  class Array
04  {
05      T& operator[] (int sub)
06      {
07          assert(sub>=0&& sub<b);
08      }
09  };
```

程序中使用了 assert 来进行警告处理，当有下标越界情况发生时就弹出对话框警告，然后输出出现错误的代码位置。assert 函数需要使用 cassert 头文件。

12.3 模板的使用

▶ 视频讲解：资源包\Video\12\12.3模板的使用.mp4

在定义完模板类后，如果想扩展模板新类的功能，则需要对类模板进行覆盖，使模板类能够完成特殊功能。覆盖操作可以针对整个类模板、部分类模板以及类模板的成员函数。这种覆盖操作被称为定制。

12.3.1 定制类模板

定制一个类模板，然后覆盖类模板中所定义的所有成员。

例如：

```
01  #include <iostream>
02  using namespace std;
03  class Date
04  {
05      int iMonth,iDay,iYear;
06      char Format[128];
07  public:
08      Date(int m=0,int d=0,int y=0)
09      {
10          iMonth=m;
11          iDay=d;
12          iYear=y;
13      }
14      friend ostream& operator<<(ostream& os,const Date t)
15      {
16          cout << "Month: " << t.iMonth << ' ' ;
17          cout << "Day: " << t.iDay<< ' ';
18          cout << "Year: " << t.iYear<< ' ' ;
19          return os;
20
21      }
22      void Display()
23      {
24          cout << "Month: " << iMonth;
25          cout << "Day: " << iDay;
26          cout << "Year: " << iYear;
27          cout << endl;
28      }
29  };
30  template <class T>
31  class Set
```

```
32  {
33      T t;
34  public:
35      Set(T st) : t(st) {}
36      void Display()
37      {
38          cout << t << endl;
39      }
40  };
41  template<>
42  class Set<Date>
43  {
44      Date t;
45  public:
46      Set(Date st): t(st){}
47      void Display()
48      {
49          cout << "Date :" << t << endl;
50      }
51  };
52  int main()
53  {
54      Set<int> intset(123);
55      Set<Date> dt =Date(1,2,3);
56      intset.Display();
57      dt.Display();
58  }
```

程序运行结果如图 12.7 所示。

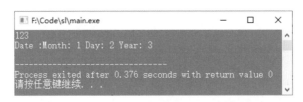

图 12.7 定制类模板

程序中定义了一个 Set 类模板，该模板中有一个构造函数和一个 Display 成员函数。Display 成员函数负责输出成员的值。使用 Date 类定制了整个类模板，也就是说，模板类中构造函数的参数是 Date 对象，Display 成员函数输出的也是 Date 对象。定制类模板相当于实例化一个模板类。

12.3.2 定制类模板成员函数

定制一个类模板，然后覆盖类模板中指定的成员。

例如：

```
01  #include <iostream>
02  using namespace std;
03  class Date
04  {
```

```
05      int iMonth,iDay,iYear;
06      char Format[128];
07 public:
08      Date(int m=0,int d=0,int y=0)
09      {
10          iMonth=m;
11          iDay=d;
12          iYear=y;
13      }
14      friend ostream& operator<<(ostream& os,const Date t)
15      {
16          cout << "Month: " << t.iMonth << ' ' ;
17          cout << "Day: " << t.iDay<< ' ';
18          cout << "Year: " << t.iYear<< ' ' ;
19          return os;
20      }
21      void Display()
22      {
23          cout << "Month: " << iMonth;
24          cout << "Day: " << iDay;
25          cout << "Year: " << iYear;
26          cout << std::endl;
27      }
28 };
29 template <class T>
30 class Set
31 {
32      T t;
33 public:
34      Set(T st) : t(st) { }
35      void Display();
36 };
37 template <class T>
38 void Set<T>::Display()
39 {
40      cout << t << endl;
41 }
42 template<>
43 void Set<Date>::Display()
44 {
45      cout << "Date: " << t << endl;
46 }
47 int main()
48 {
49      Set<int> intset(123);
50      Set<Date> dt =Date(1,2,3);
51      intset.Display();
52      dt.Display();
53 }
```

程序运行结果如图 12.8 所示。

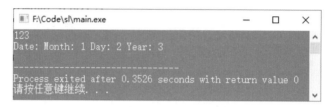

图 12.8 定制类模板成员函数

程序中定义了一个 Set 类模板，该模板中有一个构造函数和一个 Display 成员函数。程序对模板类中的 Display 函数进行覆盖，将其参数类型设置为 Date 类，这样在使用 Display 函数输出时，就会调用 Date 类中的 Display 函数进行输出了。

12.4 小结

模板是 C++ 语言的高级特性，一个模板可以定义一组函数或类，它使用数据类型和类名作为参数，建立类型安全的类库集合和函数集合。模板可以对作为模板参数的数据类型进行相同的操作，大大减少了代码量，提高了代码运行效率，更是方便了大规模软件开发。标准 C++ 库（STL）在很大程度上依赖模板。通过本章的学习，读者对 C++ 语言会有更深入的了解。

第13章

STL（标准模板库）

（ ▶ 视频讲解：38 分钟）

本章概览

　　STL（Standard Template Library，标准模板库）的主要作用是为标准化组件提供类模板以进行泛型编程。STL 技术是对原有 C++ 技术的一种补充，具有通用性好、效率高、数据结构简单、安全机制完善等特点。STL 是一些容器的集合，这些容器在算法库的支持下使程序开发变得更加简单和高效。

知识框架

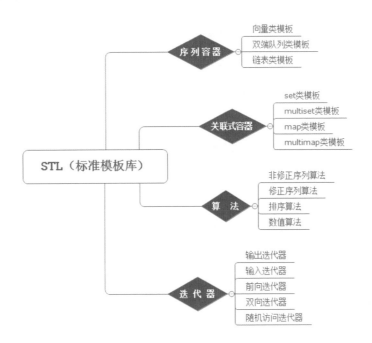

13.1 序列容器

视频讲解：资源包\Video\13\13.1序列容器.mp4

STL 提供了很多容器，每种容器都提供了一组操作行为。序列容器（sequence）只提供了插入功能，其中的元素都是有序的，但并未排序。序列容器包括 vector(向量)、deque(双端队列) 和 list(链表)。

13.1.1 向量类模板

向量（vector）是一种可随机访问的数组类型，提供了对数组元素进行快速、随机访问，以及在序列尾部快速、随机进行插入和删除操作的功能。该向量是大小可变的，在需要时可以改变其大小。

使用向量类模板需要创建 vector 对象，创建 vector 对象有以下几种方法。

（1）std::vector<type> name

该方法创建了一个名为 name 的空 vector 对象，该对象可容纳类型为 type 的数据。例如，为整型值创建一个空 std::vector 对象可以使用如下语句：

```
std::vector<int> intvector;
```

（2）std::vector<type> name(size)

该方法用于初始化元素个数为 size 的 vector 对象。

（3）std::vector<type> name(size,value)

该方法用于初始化元素个数为 size 的 vector 对象，并将该对象的初始值设置为 value。

（4）std::vector<type> name(myvector)

该方法使用复制构造函数，用现有的 myvector 向量创建一个 vector 对象。

（5）std::vector<type> name(first,last)

该方法创建了一个元素在指定范围内的向量，其中 first 代表起始范围，last 代表结束范围。

vector 对象的主要成员继承了随机接入容器和反向插入序列。vector 对象的主要成员函数及说明如表 13.1 所示。

表 13.1 vector 对象的主要成员函数及说明

函　　数	说　　明
assign(first,last)	使用迭代器 first 和 last 所辖范围内的元素替换向量元素
assign(num.val)	使用 val 的 num 个副本替换向量元素
at(n)	返回向量中第 n 个位置元素的值
back	返回对向量末尾元素的引用
begin	返回指向向量中第一个元素的迭代器
capacity	返回当前向量最多可以容纳的元素个数
clear	删除向量中所有的元素
empty	如果向量为空，则返回 true 值
end	返回指向向量中最后一个元素的迭代器
erase(start,end)	删除迭代器 start 和 end 所辖范围内的向量元素
erase(i)	删除迭代器 i 所指向的向量元素

函　数	说　明
front	返回对向量起始元素的引用
insert(i,x)	把值 x 插入向量中由迭代器 i 所指明的位置
insert(i,start,end)	把迭代器 start 和 end 所辖范围内的元素插入向量中由迭代器 i 所指明的位置
insert(i,n,x)	把值 x 的 n 个副本插入向量中由迭代器 i 所指明的位置
max_size	返回向量的最大容量（最多可以容纳的元素个数）
pop_back	删除向量中的最后一个元素
push_back(x)	把值 x 放在向量末尾
rbegin	返回一个反向迭代器，指向向量的末尾元素之后
rend	返回一个反向迭代器，指向向量的起始元素
reverse	颠倒元素的顺序
resize(n,x)	重新设置向量的大小为 n，将新元素的值初始化为 x
size	返回向量的大小（元素个数）
swap(vector)	交换两个向量的内容

下面通过实例进一步学习 vector 模板类的操作方法。

实例 01　vector 模板类的操作方法　　实例位置：资源包\Code\SL\13\01

```
01  #include <iostream>
02  #include <vector>
03  #include <tchar.h>
04  using namespace std;
05  int main(int argc, _TCHAR* argv[])
06  {
07      vector<int> v1,v2;                          // 定义两个容器
08      v1.reserve(10);                             // 手动分配空间，设置容器元素的最小值
09      v2.reserve(10);
10      v1 = vector<int>(8,7);
11      int array[8]= {1,2,3,4,5,6,7,8};            // 定义数组
12      v2 = vector<int>(array,array+8);;           // 给v2赋值
13      cout<<"v1容量"<<v1.capacity()<<endl;
14      cout<<"v1当前各项:"<<endl;
15      size_t i = 0;
16      for(i = 0;i<v1.size();i++)
17      {
18          cout<<" "<<v1[i];
19      }
20      cout<<endl;
21      cout<<"v2容量"<<v2.capacity()<<endl;
22      cout<<"v2当前各项:"<<endl;
23      for(i = 0;i<v1.size();i++)
```

```
24          {
25              cout<<" "<<v2[i];
26          }
27      cout<<endl;
28      v1.resize(0);
29      cout<<"v1的容量通过resize函数变成0"<<endl;
30      if(!v1.empty())
31          cout<<"v1容量"<<v1.capacity()<<endl;
32      else
33          cout<<"v1是空的"<<endl;
34      cout<<"将v1容量扩展为8"<<endl;
35      v1.resize(8);
36      cout<<"v1当前各项:"<<endl;
37      for(i = 0;i<v1.size();i++)
38      {
39          cout<<" "<<v1[i];
40      }
41      cout<<endl;
42      v1.swap(v2);
43      cout<<"v1与v2 swap了"<<endl;
44      cout<<"v1当前各项:"<<endl;
45      cout<<"v1容量"<<v1.capacity()<<endl;
46      for(i = 0;i<v1.size();i++)
47      {
48          cout<<" "<<v1[i];
49      }
50      cout<<endl;
51      v1.push_back(3);
52      cout<<"从v1后边加入了元素3"<<endl;
53      cout<<"v1容量"<<v1.capacity()<<endl;
54      for(i = 0;i<v1.size();i++)
55      {
56          cout<<" "<<v1[i];
57      }
58      cout<<endl;
59      v1.erase(v1.end()-2);
60      cout<<"删除了倒数第二个元素"<<endl;
61      cout<<"v1容量"<<v1.capacity()<<endl;
62      cout<<"v1当前各项:"<<endl;
63      for(i = 0;i<v1.size();i++)
64      {
65          cout<<" "<<v1[i];
66      }
67      cout<<endl;
68      v1.pop_back();
69      cout<<"v1通过栈操作pop_back放走了最后的元素"<<endl;
70      cout<<"v1当前各项:"<<endl;
71      cout<<"v1容量"<<v1.capacity()<<endl;
72      for(i = 0;i<v1.size();i++)
73      {
```

```
74          cout<<" "<<v1[i];
75      }
76      cout<<endl;
77      return 0;
78  }
```

程序运行结果如图 13.1 所示。

图 13.1　vector 模板类的操作方法

　　本实例演示了 vector<int> 容器的初始化，以及插入、删除等操作。在本例中，使用 resize 为 v1 和 v2 分配了空间。当所分配的空间小于容器自身原来的空间时，删除原来的末尾元素；当所分配的空间大于容器自身的空间时，自动在末尾元素的后面添加相应个数的 0 值。同理，若 vector 模板使用的是某一个类，则添加的是使用默认构造函数创建的对象。同时可以看到，向 v1 中添加元素时，v1 的容量从 8 增加到 12。这就是 vector 的特性——在需要的时候可以扩大自身的容量。

 虽然vector支持使用insert函数插入元素，但与链表数据结构的容器相比效率较差，不推荐经常使用。

 （1）试着使用vector模板类存储学生的成绩和姓名信息，并输出。（资源包\Code\Try\131）
　　（2）试着使用vector模板类存储仓库物品信息，包括物品的数量、单价和产地。（资源包\Code\Try\132）

13.1.2　双端队列类模板

　　双端队列（deque）是一种可随机访问的数据类型，提供了在序列两端快速进行插入和删除操作的功能。它可以在需要的时候修改自身的大小，主要实现标准 C++ 数据结构中队列的功能。
　　使用双端队列类模板需要创建 deque 对象，创建 deque 对象有以下几种方法。

（1）std::deque<type> name

该方法创建了一个名为 name 的空 deque 对象，该对象可容纳数据类型为 type 的数据。例如，为整型值创建一个空 std:: deque 对象可以使用如下语句：

```
std:: deque <int> intdeque;
```

（2）std::deque<type> name(size)

该方法创建了一个大小为 size 的 deque 对象。

（3）std::deque<type> name(size,value)

该方法创建了一个大小为 size 的 deque 对象，并将该对象的每个元素都设置为 value。

（4）std::deque<type> name(mydeque)

该方法使用复制构造函数，用现有的 mydeque 双端队列创建一个 deque 对象。

（5）std::deque<type> name(first,last)

该方法创建了一个元素在指定范围内的双端队列，其中 first 代表起始范围，last 代表结束范围。

deque 对象的主要成员函数及说明如表 13.2 所示。

表 13.2 deque 对象的主要成员函数及说明

函　　数	说　　明
assign(first,last)	使用迭代器 first 和 last 所辖范围内的元素替换双端队列元素
assign(num.val)	使用 val 的 num 个副本替换双端队列元素
at(n)	返回双端队列中第 n 个位置元素的值
back	返回对双端队列中最后一个元素的引用
begin	返回指向双端队列中第一个元素的迭代器
clear	删除双端队列中所有的元素
empty	如果双端队列为空，则返回 true 值
end	返回指向双端队列中最后一个元素的迭代器
erase(start,end)	删除迭代器 start 和 end 所辖范围内的双端队列元素
erase(i)	删除迭代器 i 所指向的双端队列元素
front	返回对双端队列中第一个元素的引用
insert(i,x)	把值 x 插入双端队列中由迭代器 i 所指明的位置
insert(i,start,end)	把迭代器 start 和 end 所辖范围内的元素插入双端队列中由迭代器 i 所指明的位置
insert(i,n,x)	把值 x 的 n 个副本插入双端队列中由迭代器 i 所指明的位置
max_size	返回双端队列的最大容量（最多可以容纳的元素个数）
pop_back	删除双端队列中的最后一个元素
pop_front	删除双端队列中的第一个元素
push_back(x)	把值 x 放在双端队列末尾
push_front(x)	把值 x 放在双端队列开头
rbegin	返回一个反向迭代器，指向双端队列的最后一个元素之后
rend	返回一个反向迭代器，指向双端队列的第一个元素
resize(n,x)	重新设置双端队列的大小为 n，将新元素的值初始化为 x

函　　数	说　　明
size	返回双端队列的大小（元素个数）
swap(vector)	交换两个双端队列的内容

双端队列类模板的应用例子如下：

```cpp
01 #include <iostream>
02 #include <deque>
03 using namespace std;
04 int main()
05 {
06     deque<int > intdeque;
07     intdeque.push_back(2);
08     intdeque.push_back(3);
09     intdeque.push_back(4);
10     intdeque.push_back(7);
11     intdeque.push_back(9);
12     cout << "Deque: old" <<endl;
13     for(int i=0; i< intdeque.size(); i++)
14     {
15         cout << "intdeque[" << i << "]:";
16         cout << intdeque[i] << endl;
17     }
18     cout << endl;
19     intdeque.pop_front();
20     intdeque.pop_front();
21     intdeque[1]=33;
22     cout << "Deque: new" <<endl;
23     for(int i=0; i<intdeque.size(); i++)
24     {
25         cout << "intdeque[" << i << "]:";
26         cout << intdeque[i] << " ";
27     }
28     cout << endl;
29     return 0;
30 }
```

程序运行结果如图 13.2 所示。

图 13.2　双端队列类模板的应用

程序中定义了一个空的类型为 int 的 deque 变量，然后使用 push_back 函数把值插入 deque 变量中，并把 deque 变量显示出来。最后删除 deque 变量中的第一个元素，并给删除后的 deque 变量中的第二个元素赋值。

13.1.3 链表类模板

链表（list），即双向链表容器，它不支持随机访问，访问链表元素需要先找到链表的某个端点指针。对于链表，插入和删除某元素操作所花费的时间是固定的，与该元素在链表中的位置无关。而且，在链表的任何位置插入和删除元素都很快，不像向量只在末尾进行操作。

使用链表类模板需要创建 list 对象，创建 list 对象有以下几种方法。

（1）std::list<type> name

该方法创建了一个名为 name 的空 list 对象，该对象可容纳数据类型为 type 的数据。例如，为整型值创建一个空 std::vector 对象可以使用如下语句：

```
std::list <int> intlist;
```

（2）std::list<type> name(size)

该方法用于初始化元素个数为 size 的 list 对象。

（3）std::list<type> name(size,value)

该方法用于初始化元素个数为 size 的 list 对象，并将该对象的每个元素都设置为 value。

（4）std::list<type> name(mylist)

该方法使用复制构造函数，用现有的 mylist 链表创建一个 list 对象。

（5）std::list<type> name(first,last)

该方法创建了一个元素在指定范围内的链表，其中 first 代表起始范围，last 代表结束范围。

list 对象的主要成员函数及说明如表 13.3 所示。

表 13.3 list 对象的主要成员函数及说明

函　　数	说　　明
assign(first,last)	使用迭代器 first 和 last 所辖范围内的元素替换链表元素
assign(num.val)	使用 val 的 num 个副本替换链表元素
back	返回对链表中最后一个元素的引用
begin	返回指向链表中第一个元素的迭代器
clear	删除链表中所有的元素
empty	如果链表为空，则返回 true 值
end	返回指向链表中最后一个元素的迭代器
erase(start,end)	删除迭代器 start 和 end 所辖范围内的链表元素
erase(i)	删除迭代器 i 所指向的链表元素
front	返回对链表中第一个元素的引用
insert(i,x)	把值 x 插入链表中由迭代器 i 所指明的位置
insert(i,start,end)	把迭代器 start 和 end 所辖范围内的元素插入链表中由迭代器 i 所指明的位置

函　　数	说　　明
insert(i,n,x)	把值 x 的 n 个副本插入链表中由迭代器 i 所指明的位置
max_size	返回链表的最大容量（最多可以容纳的元素个数）
pop_back	删除链表中的最后一个元素
pop_front	删除链表中的第一个元素
push_back(x)	把值 x 放在链表末尾
push_front(x)	把值 x 放在链表开头
rbegin	返回一个反向迭代器，指向链表的最后一个元素之后
rend	返回一个反向迭代器，指向链表的第一个元素
resize(n,x)	重新设置链表的大小为 n，将新元素的值初始化为 x
reverse	颠倒链表元素的顺序
size	返回链表的大小（元素个数）
swap(listref)	交换两个链表的内容

可以发现，list<T> 与 vector<T> 所支持的操作很相近。但这些操作的实现原理不尽相同，执行效率也不一样。链表的优点是插入元素的效率很高，缺点是不支持随机访问。也就是说，链表无法像数组一样通过索引来访问。例如：

```
01  list<int>  list1 (first,last);              // 初始化
02  list[i] = 3;                                // 错误！无法使用数组符号[]
```

对 list 中各个元素的访问，通常使用的是迭代器。

迭代器的使用方法类似于指针，下面的实例演示了使用迭代器访问 list 中的元素。

```
01  #include <iostream>
02  #include <list>
03  #include <vector>
04  using namespace std;
05  int main()
06  {
07      cout<<"使用未排序存储0~9的数组初始化list1"<<endl;
08      int array[10] = {1,3,5,7,8,9,2,4,6,0};
09      list<int> list1(array,array+10);
10      cout<<"list1调用sort方法排序"<<endl;
11      list1.sort();
12      list<int>::iterator iter = list1.begin();
13      // iter =iter+5    list的iter不支持"+"运算符
14      cout<<"通过迭代器访问list双向链表中从头开始向后的第4个元素"<<endl;
15      for(int i = 0; i<3; i++)
16      {
17          iter++;
18      }
19      cout<<*iter<<endl;
```

```
20      list1.insert(list1.end(),13);
21      cout<<"在末尾插入数字13"<<endl;
22      for(list<int>::iterator it = list1.begin(); it != list1.end(); it++)
23      {
24          cout<<" "<<*it;
25      }
26 }
```

程序运行结果如图 13.3 所示。

图 13.3 迭代器的应用

通过程序可以观察到，迭代器 iterator 类和指针的用法很相似，支持自增运算符，并且通过"*"可以访问相应的对象内容。但 list 中的迭代器不支持"+"运算符，而指针与 vector 中的迭代器都支持。

13.2 关联式容器

视频讲解

▶ 视频讲解：资源包\Video\13\13.2关联式容器.mp4

关联式容器（associative container）是 STL 提供的容器的一种，其中的元素都是排序过的，它主要通过关键字的方式来提高查询的效率。关联式容器包括 set、multiset、map、multimap 和 hash table，本节主要介绍 set、multiset、map 和 multimap。

13.2.1 set 类模板

set 类模板又称为集合类模板，一个集合对象像链表一样顺序地存储一组值。在一个集合中，集合元素既充当存储的数据，又充当数据的关键字。

创建 set 对象可以使用下面几种方法。

（1）std::set<type,predicate> name

这种方法创建了一个名为 name 且包含 type 类型数据的空 set 对象。该对象使用谓词所指定的函数对集合中的元素进行排序。例如，要给整数创建一个空 set 对象，可以这样写：

```
std::set<int,std::less<int>> intset;
```

（2）std::set<type,predicate> name(myset)

这种方法使用复制构造函数，从已存在的 myset 集合中生成一个 set 对象。

（3）std::set<type,predicate> name(first,last)

这种方法根据多重指示器所指示的起始位置与终止位置，从一定范围的元素中创建一个集合。

set 类中的函数及说明如表 13.4 所示。

表 13.4　set 类中的函数及说明

函　　数	说　　明
begin	返回指向集合中第一个元素的迭代器
clear	删除集合中所有的元素
cout(x)	返回集合中值为 x（0 或 1）的元素个数
empty	如果集合为空，则返回 true 值
end	返回指向集合中最后一个元素的迭代器
equal_range(x)	返回表示 x 的下界和上界的两个迭代器。下界表示集合中第一个值等于 x 的元素，上界表示集合中第一个值大于 x 的元素
erase(i)	删除迭代器 i 所指向的集合元素
erase(start,end)	删除迭代器 start 和 end 所指范围内的集合元素
erase(x)	删除集合中值为 x 的元素
find(x)	返回一个指向 x 的迭代器。如果 x 不存在，则返回的迭代器等于 end
insert(i,x)	把值 x 插入集合中。从迭代器 i 所指明的元素处开始查找 x 的插入位置
insert(start,end)	把迭代器 start 和 end 所指范围内的值插入集合中
insert(x)	把值 x 插入集合中
lower_bound(x)	返回一个迭代器，指向位于 x 之前且紧邻 x 的元素
max_size	返回集合的最大容量
rbegin	返回一个反向迭代器，指向集合中的最后一个元素
rend	返回一个反向迭代器，指向集合中的第一个元素
size	返回集合的大小
swap(set)	交换两个集合的内容
upper_bound(x)	返回一个指向 x 的迭代器
value_comp	返回 value_compare 类型的对象，该对象用于判断集合中元素的先后次序

下面创建一个整型集合，并在该集合中实现数据的插入。

实例 02　创建整型集合并插入数据　　　　　　实例位置：资源包\Code\SL\13\02

```
01 #include <iostream>
02 #include <set>
03 using namespace std;
04 int main()
05 {
06     set<int> iSet;    // 创建一个整型集合
```

```
07      iSet.insert(1);    // 插入数据
08      iSet.insert(3);
09      iSet.insert(5);
10      iSet.insert(7);
11      iSet.insert(9);
12      cout << "set:" << endl;
13      set<int>::iterator it;    // 循环输出集合中的数据
14      for(it=iSet.begin(); it!=iSet.end(); it++)
15          cout << *it << endl;
16  }
```

程序运行结果如图 13.4 所示。

图 13.4 创建整型集合并插入数据

（1）编写一个程序，接收用户输入的字符串，并将其存储在set容器中，最后使用迭代器输出用户输入的所有字符串。（资源包\Code\Try\133）

拓展训练　（2）使用set容器存储一些与教师相关的信息并输出。（资源包\Code\Try\134）

13.2.2 multiset 类模板

multiset 能够顺序存储一组数据。与 set 类似，多重集合的元素既可以作为存储的数据，又可以作为数据的关键字。然而，与集合类不同的是，多重集合类可以包含重复的数据。下面给出了几种创建多重集合的方法。

（1）std::multiset<type,predicate> name

这种方法创建了一个名为 name 且包含 type 类型数据的空 multiset 对象。该对象使用谓词所指定的函数对集合中的元素进行排序。例如，要给整数创建一个空 multiset 对象，可以这样写：

```
std:: multiset<int, std::less<int> > intset;
```

在less<int>表达式的后面要有空格。

注意

（2）std:: multiset <type,predicate> name(mymultiset)

这种方法使用复制构造函数，从已经存在的 mymultiset 集合中生成一个 multiset 对象。

（3）std:: multiset <type,predicate> name(first,last)

这种方法根据指示器所指示的起始位置与终止位置，从一定范围的元素中创建一个多重集合。

multiset 类中的函数及说明如表 13.5 所示。

表 13.5　multiset 类中的函数及说明

函　　数	说　　明
begin	返回指向集合中第一个元素的迭代器
clear	删除集合中所有的元素
cout(x)	返回集合中值为 x（0 或 1）的元素个数
empty	如果集合为空，则返回 true 值
end	返回指向集合中最后一个元素的迭代器
equal_range(x)	返回表示 x 的下界和上界的两个迭代器。下界表示集合中第一个值等于 x 的元素，上界表示集合中第一个值大于 x 的元素
erase(i)	删除迭代器 i 所指向的集合元素
erase(start,end)	删除迭代器 start 和 end 所指范围内的集合元素
erase(x)	删除集合中值为 x 的元素
find(x)	返回一个指向 x 的迭代器。如果 x 不存在，则返回的迭代器等于 end
insert(i,x)	把值 x 插入集合中。从迭代器 i 所指明的元素处开始查找 x 的插入位置
insert(start,end)	把迭代器 start 和 end 所指范围内的值插入集合中
insert(x)	把值 x 插入集合中
lower_bound(x)	返回一个迭代器，指向位于 x 之前且紧邻 x 的元素
max_size	返回集合的最大容量
rbegin	返回一个反向迭代器，指向集合中的最后一个元素
rend	返回一个反向迭代器，指向集合中的第一个元素
size	返回集合的大小
swap(set)	交换两个集合的内容
upper_bound(x)	返回一个指向 x 的迭代器
value_comp	返回 value_compare 类型的对象，该对象用于判断集合中元素的先后次序

例如，创建两个多重集合，分别向集合中插入数据，并对集合进行比较。代码如下：

```
01 #include <iostream>
02 #include <set>
03 using namespace std;
04 int main()
05 {
06     multiset<char> cmultiset1;     // 建立多重集合1
07     cmultiset1.insert('C');        // 向多重集合1中插入数据
```

```
08      cmultiset1.insert('D');
09      cmultiset1.insert('A');
10      cmultiset1.insert('F');
11      cout << "multiset1:" << endl;
12      multiset<char>::iterator it;
13      for(it=cmultiset1.begin(); it!=cmultiset1.end(); it++) // 显示多重集合1中的元素
14          cout << *it << endl;
15      multiset<char> cmultiset2;     // 建立多重集合2
16      cmultiset2.insert('B');        // 向多重集合2中插入数据
17      cmultiset2.insert('C');
18      cmultiset2.insert('D');
19      cmultiset2.insert('A');
20      cmultiset2.insert('F');
21      cout << "multiset2:" << endl;
22      for(it=cmultiset2.begin(); it!=cmultiset2.end(); it++) // 显示多重集合2中的元素
23          cout << *it << endl;
24      if(cmultiset1==cmultiset2)
25          cout << "multiset1= multiset2";
26      else if(cmultiset1 < cmultiset2)
27          cout << "multiset1< multiset2";
28      else if(cmultiset1 > cmultiset2)
29          cout << "multiset1> multiset2";
30      cout << endl;
31  }
```

程序运行结果如图 13.5 所示。

图 13.5 创建多重集合，插入数据并比较集合

13.2.3 map 类模板

map 对象按照顺序存储一组值，其中每个元素都与一个检索关键字关联。map 与 set 和 multiset 不同，set 和 multiset 中的元素既可以作为存储的数据，又可以作为数据的关键字，而 map 中的元素数据和关键字是分开的。创建 map 类模板的方法如下所述。

（1）map<key,type,predicate> name

这种方法创建了一个名为 name 且包含 type 类型数据的空 map 对象。该对象使用谓词所指定的函数对 map 映射中的元素进行排序。例如，要给整数创建一个空 map 对象，可以这样写：

```
std::map<int,int,std::less<int>> intmap;
```

（2）map<key,type,predicate> name(mymap)

这种方法使用复制构造函数，从已存在的 mymap 映射中生成一个 map 对象。

（3）map<key,type,predicate> name(first,last)

这种方法根据多重指示器所指示的起始位置与终止位置，从一定范围的元素中创建一个 map 映射。

map 类中的函数及说明如表 13.6 所示。

表 13.6　map 类中的函数及说明

函　数	说　明
begin	返回指向 map 映射中第一个元素的迭代器
clear	删除 map 映射中所有的元素
empty	如果 map 映射为空，则返回 true 值
end	返回指向 map 映射中最后一个元素的迭代器
equal_range(x)	返回表示 x 的下界和上界的两个迭代器。下界表示 map 映射中第一个值等于 x 的元素，上界表示 map 映射中第一个值大于 x 的元素
erase(x)	删除迭代器所指向的 map 映射中的元素，或者通过键值删除 map 映射中的元素
erase(start,end)	删除迭代器 start 和 end 所指范围内的 map 映射中的元素
erase()	删除 map 映射中值为 x 的元素
find(x)	返回一个指向 x 的迭代器。如果 x 不存在，则返回的迭代器等于 end
lower_bound(x)	返回一个迭代器，指向位于 x 之前且紧邻 x 的元素
max_size	返回 map 映射的最大容量
rbegin	返回一个反向迭代器，指向 map 映射中的最后一个元素
rend	返回一个反向迭代器，指向 map 映射中的第一个元素
size	返回 map 映射的大小
swap()	交换两个 map 映射的内容
upper_bound()	返回一个指向 x 的迭代器
value_comp	返回 value_compare 类型的对象，该对象用于判断 map 映射中元素的先后次序

例如，创建一个 map 对象，并使用下标插入新元素。代码如下：

```
01 #include <iostream>
02 #include <map>
03 using namespace std;
04 int main()
05 {
06     map<int ,char> cMap;        // 创建map对象
07     cMap.insert(map<int,char>::value_type(1,'B'));          // 插入新元素
08     cMap.insert(map<int,char>::value_type(2,'C'));
```

```
09      cMap.insert(map<int,char>::value_type(4,'D'));
10      cMap.insert(map<int,char>::value_type(5,'G'));
11      cMap.insert(map<int,char>::value_type(3,'F'));
12      cout << "map" << endl;
13      map<int ,char>::iterator it;          // 循环map显示元素值
14      for(it=cMap.begin(); it!=cMap.end(); it++)
15      {
16          cout << (*it).first << "->";
17          cout << (*it).second << endl;
18      }
19  }
```

程序运行结果如图 13.6 所示。

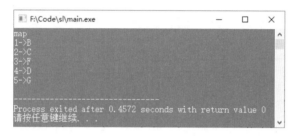

图 13.6 创建 map 对象并使用下标插入新元素

13.2.4 multimap 类模板

multimap 能够按顺序存储一组值。它与 map 相同的是，它的每一个元素都包含一个关键字以及与之关联的数据项；它与 map 不同的是，它可以包含重复的数据值，并且不能使用"[]"运算符向多重映射中插入元素。

创建 multimap 类模板的方法如下：

（1）multimap<key,type,predicate> name

这种方法创建了一个名为 name 且包含 type 类型数据的空 multimap 对象。该对象使用谓词所指定的函数对多重映射中的元素进行排序。例如，要给整数创建一个空 multimap 对象，可以这样写：

```
std:: multimap<int,int, std::less<int> > intmap;
```

（2）multimap<key,type,predicate> name(mymap)

这种方法使用复制构造函数，从已存在的 mymap 映射中生成一个 multimap 对象。

（3）multimap<key,type,predicate> name(first,last)

这种方法根据多重指示器所指示的起始位置与终止位置，从一定范围的元素中创建一个多重映射。

例如，创建一个 multimap 对象并插入新元素。

```
01 #include <iostream>
02 #include <map>
03 using namespace std;
04 int main()
05 {
06      multimap<int ,char> cMap;    // 创建multimap对象
07      cMap.insert(map<int,char>::value_type(1,'B'));    // 插入新元素
```

```
08    cMap.insert(map<int,char>::value_type(2,'C'));
09    cMap.insert(map<int,char>::value_type(4,'C'));
10    cMap.insert(map<int,char>::value_type(5,'G'));
11    cMap.insert(map<int,char>::value_type(3,'F'));
12    cout << "multimap" << endl;
13    multimap <int ,char>::iterator it;      // 循环multimap并显示元素值
14    for(it=cMap.begin(); it!=cMap.end(); it++)
15    {
16        cout << (*it).first << "->";
17        cout << (*it).second << endl;
18    }
19 }
```

程序运行结果如图 13.7 所示。

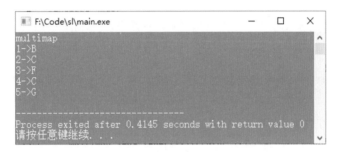

图 13.7　创建 multimap 对象并插入新元素

13.3　算法

视频讲解

📹 视频讲解：资源包\Video\13\13.3算法.mp4

算法（algorithm）是 STL 的中枢，STL 提供了算法库，算法库中都是模板函数。迭代器主要负责从容器中获取一个对象，算法与具体对象在容器中的位置等细节无关。每个算法都是参数化一个或多个迭代器类型的函数模板。

标准算法分为 4 个类别：非修正序列算法、修正序列算法、排序算法和数值算法。

13.3.1　非修正序列算法

非修正序列算法不修改它们所作用的容器，例如计算元素个数或查找元素的函数。STL 中的非修正序列算法如表 13.7 所示。

表 13.7　STL 中的非修正序列算法

算　　法	说　　明
adjacent_find(first,last)	搜索相邻的重复元素
count(first,last,val)	计数
equal(first,last,first2)	判断是否相等

算　　法	说　　明
find(first,last,val)	搜索
find_end(first,last,first2,last2)	搜索某个子序列最后一次出现的位置
find_first(first,last,first2,last2)	搜索某些元素首次出现的位置
for_each(first,last,func)	对从 first 到 last 范围内的各个元素执行 func 函数定义的操作
mismatch(first,last,first2)	找出不吻合点
search(first,last,first2,last2)	搜索某个子序列

下面对比较常用的非修正序列算法进行讲解。

（1）adjacent_find(first,last)

返回一个迭代器，指向第一个同值元素对的第一个元素。此算法在迭代器 first 和 last 所指明的范围内查找。此算法还有一个谓词版本，其第 3 个实参是一个比较函数。

实例 03　应用 adjacent_find 算法搜索相邻的重复元素　　　实例位置：资源包\Code\SL\13\03

```cpp
01 #include <iostream>
02 #include <set>
03 #include <algorithm>
04 using namespace std;
05 int main()
06 {
07     multiset<int , less<int> > intSet;
08     intSet.insert(7);
09     intSet.insert(5);
10     intSet.insert(1);
11     intSet.insert(5);
12     intSet.insert(7);
13     cout << "Set:" << " ";
14     multiset<int , less<int> >::iterator it =intSet.begin();
15     for(int i=0; i<intSet.size(); ++i)
16         cout << *it++ << ' ';
17     cout << endl;
18     cout << "第一次匹配: ";
19     it=adjacent_find(intSet.begin(),intSet.end());
20     cout << *it++ << ' ';
21     cout<< *it << endl;
22     cout << "第二次匹配: ";
23     it=adjacent_find(it,intSet.end());
24     cout << *it++ << ' ';
25     cout << *it << endl;
26 }
```

程序运行结果如图 13.8 所示。

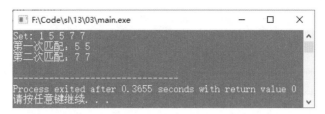

图 13.8　应用 adjacent_find 算法搜索相邻的重复元素

　　程序中定义了整型的 multiset 容器，以及该容器的迭代器 it。multiset 容器中有两个重复的值，使用 adjacent_find 算法将这两个值输出。

　　（1）一个学校中可能有一些同名的学生，使用 multiset 容器存储学生的资料，并使用 adjacent_find 算法搜索相邻的重复名字。（资源包\Code\Try\135）

　　（2）某饭店的菜谱中有一些重复的菜名，请使用 adjacent_find 算法搜索相邻的重复菜名。（资源包\Code\Try\136）

拓展训练

　　（2）count(first,last,val)
　　返回容器中值为 val 的元素个数。此算法在迭代器 first 和 last 所指明的范围内查找。

实例 04　应用 count 算法计算相同元素的个数	实例位置：资源包\Code\SL\13\04

```
01 #include <iostream>
02 #include <set>
03 #include <algorithm>
04 using namespace std;
05 int main()
06 {
07     multiset<int ,less<int> > intSet;
08     intSet.insert(7);
09     intSet.insert(5);
10     intSet.insert(1);
11     intSet.insert(5);
12     intSet.insert(7);
13     cout << "Set:";
14     multiset<int ,less<int> >::iterator it =intSet.begin();
15     for(int i=0; i<intSet.size(); ++i)
16         cout << *it++ << ' ';
17     cout << endl;
18     int cnt =count(intSet.begin(),intSet.end(),5);
19     cout << "相同元素数量:" << cnt <<endl;
20 }
```

　　程序运行结果如图 13.9 所示。
　　程序中的 multiset 容器有两个相同元素，使用 count 算法计算容器中相同元素的个数。

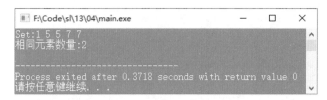

图 13.9 应用 count 算法计算相同元素的个数

（1）一个 set 中存储了某大学所有学生的四级考试成绩，使用 count 算法计算出所有分数为 420 分的学生人数。（资源包\Code\Try\137）

（2）一个 vector 中存储了某公司所有员工的学历信息，使用 count 算法统计出毕业于北华大学的员工人数。（资源包\Code\Try\138）

13.3.2 修正序列算法

修正序列算法的有些操作会改变容器的内容。例如，把一个容器的部分内容复制到同一个容器的另一部分，或者用指定值填充容器。STL 中的修正序列算法提供了这类操作，如表 13.8 所示。

表 13.8 STL 中的修正序列算法

算　　法	说　　明
copy(first,last,first2)	复制
copy_backward(first,last,first2)	逆向复制
fill(first,last,val)	改填元素值
generate(first,last,func)	以指定动作的运算结果填充特定范围内的元素
Partition(first,last,pred)	切割
random_shuffle(first,last)	随机重排
remove(first,last,val)	移除某种元素，但不删除
replace(first,last,val1,val2)	取代某种元素
rotate(first,middle,last)	旋转
reverse(first,last)	颠倒元素次序
swap(it1,it2)	置换
swap_ranges(first,last,first2)	置换指定的范围
transform(first,last,first2,func)	以两个序列为基础，交互作用产生第 3 个序列
unique(first,last)	将重复的元素折叠缩编，变成唯一的

下面对比较常用的修正序列算法进行讲解。

（1）random_shuffle(first,last)

把迭代器 first 和 last 所指明范围内的元素顺序随机打乱。

实例 05　应用 random_shuffle 算法将元素顺序随机打乱　｜　实例位置：资源包\Code\SL\13\05

```cpp
01 #include <iostream>
02 #include <vector>
03 #include <algorithm>
04 using namespace std;
05 void Output(int val)
06 {
07     cout << val << ' ';
08 }
09 int main()
10 {
11     vector<int > intVect;
12     for(int i=0;i<10;++i)
13         intVect.push_back(i);
14     cout << "Vect :";
15     for_each(intVect.begin(),intVect.end(),Output);
16     random_shuffle(intVect.begin(),intVect.end());
17     cout << endl;
18     cout << "Vect :";
19     for_each(intVect.begin(),intVect.end(),Output);
20     cout << endl;
21 }
```

程序运行结果如图 13.10 所示。

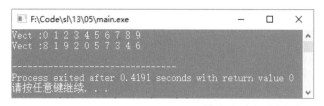

图 13.10　应用 random_shuffle 算法将元素顺序随机打乱

程序中使用 random_shuffle 算法将 vector 容器内元素的排列顺序打乱，原来 vector 容器内的元素是从 0 到 9 的顺序排列的，打乱后元素顺序没有任何规律。

（1）公司举办年会，在一个抽奖程序中，使用数组存储了所有员工的姓名，抽奖的算法是：将顺序随机打乱，并输出前三名员工的姓名。（**资源包\Code\Try\139**）

拓展训练　（2）某高中一年级分班，使用随机的方法进行分配，请使用random_shuffle算法将数组中所有学生的名字打乱，并输出。（**资源包\Code\Try\140**）

（2）Partition(first,last,pred)

把一个容器划分成两部分，其中第一部分包含令谓词 pred 返回 true 值的元素，第二部分包含令谓词 pred 返回 false 值的元素。此算法返回的迭代器指向两部分的分界点元素。

实例 06   应用 Partition 算法将容器分组　　　　　　实例位置：资源包\Code\SL\13\06

```cpp
01 #include <iostream>
02 #include <vector>
03 #include <algorithm>
04 using namespace std;
05 void Output(int val)
06 {
07     cout << val << ' ';
08 }
09 bool equals5(int val)
10 {
11     return val==5;
12 }
13 int main()
14 {
15     vector<int > intVect;
16     intVect.push_back(7);
17     intVect.push_back(3);
18     intVect.push_back(5);
19     cout << "Vect :";
20     for_each(intVect.begin(),intVect.end(),Output);
21     partition(intVect.begin(),intVect.end(),equals5);
22     cout << endl;
23     cout << "Vect :";
24     for_each(intVect.begin(),intVect.end(),Output);
25     cout << endl;
26 }
```

程序运行结果如图 13.11 所示。

图 13.11 应用 Partition 算法将容器分组

（1）一个容器中存储了某班级所有学生的成绩，使用Partition算法将容器分组，其中一组为及格的学生，另一组为不及格的学生。（资源包\Code\Try\141）

（2）一个容器中存储了某公司销售人员的业绩，使用Partition算法将容器分组，其中一组为完成业绩任务的，另一组为没有完成业绩任务的。（资源包\Code\Try\142）

拓展训练

13.3.3 排序算法

排序算法的特点是对容器的内容以不同的方式排序，例如 sort()。排序算法如表 13.9 所示。

表 13.9　排序算法

算　　法	说　　明
binary_search(first,last,val)	二元搜索
equal_range(first,last,val)	判断是否相等，并返回一个区间
includes(first,last,first2,last2)	包含于
lexicographical_compare(first,last,first2,last2)	以字典排列方式做比较
lower_bound(first,last,val)	下限
make_heap(first,last)	创建一个 heap
max(val1,val2)	最大值
max_element(first,last)	最大值所在位置
merge(first,last,first2,last2,result)	合并两个序列
min(val1,val2)	最小值
min_element(first,last)	最小值所在位置
next_permutation(first,last)	获得下一个排列组合
nth_element(first,nth,last)	重新排序序列中第 n 个元素的左右两端
partial_sort_copy(first,last,first2,last2)	局部排序并复制到其他位置
partial_sort(first,middle,last)	局部排序
pop_heap(first,last)	从 heap 内取出一个元素
prev_permutation(first,last)	对给定的范围进行逆向排序
push_heap(first,last)	将一个元素压入 heap
set_difference(first,last,first2,last2,result)	计算两个范围的差集，并将结果存储在第三个范围内
set_intersection(first,last,first2,last2,result)	交集
set_symmetric_difference(first,last,first2,last2,result)	差集
set_union(first,last,first2,last2,result)	联集
sort(first,last)	排序
sort_heap(first,last)	对 heap 排序
stable_sort(first,last)	排序并保持等值元素的相对次序
upper_bound(first,last,val)	上限

　　例如，使用 sort 算法对迭代器 first 和 last 所指明范围内的元素排序。此算法的另一个版本以谓词作为第 3 个实参。

实例 07　应用 sort 算法排序元素	实例位置：资源包\Code\SL\13\07

```
01 #include <iostream>
02 #include <vector>
03 #include <algorithm>
04 using namespace std;
05 void Output(int val)
06 {
07     cout << val << ' ';
08 }
09 int main()
10 {
11     vector<char > charVect;
12     charVect.push_back('M');
13     charVect.push_back('R');
14     charVect.push_back('K');
15     charVect.push_back('J');
16     charVect.push_back('H');
17     charVect.push_back('I');
18     cout << "Vect :";
19     for_each(charVect.begin(),charVect.end(),Output);
20     sort(charVect.begin(),charVect.end());
21     cout << endl;
22     cout << "Vect :";
23     for_each(charVect.begin(),charVect.end(),Output);
24     cout << endl;
25 }
```

程序运行结果如图 13.12 所示。

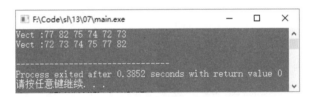

图 13.12　应用 sort 算法排序元素

　（1）对某公司的员工考核成绩进行排序。（资源包\Code\Try\143）
拓展训练　（2）对某学生的六级考试成绩进行排序。（资源包\Code\Try\144）

13.3.4　数值算法

数值算法对容器的内容进行数值计算。STL 中的数值算法实现了 4 种类型的计算，可以在一个值序列上进行这些计算。数值算法如表 13.10 所示。

表 13.10 数值算法

算 法	说 明
accumulate(first,last,init)	元素值累加
inner_product(first,last,first2,init)	内积
partial_sum(first,last,result)	局部总和
adjacent_difference(first,last,result)	相邻元素的差额

例如，使用 accumulate(first,last,init) 算法计算 init 与迭代器 first 和 last 所指明范围内各元素值的总和，并返回结果。

实例 08　应用 accumulate 算法累加元素值 　　　　　　实例位置：资源包\Code\SL\13\08

```
01  #include <iostream>
02  #include <vector>
03  #include <algorithm>
04  #include <numeric>
05  using namespace std;
06  void Output(int val)
07  {
08      cout << val << ' ';
09  }
10  int main()
11  {
12      vector<int> intVect;
13      for(int i=0; i<5; i++)
14          intVect.push_back(i);
15      cout << "Vect";
16      std::for_each(intVect.begin(),intVect.end(),Output);
17      int result = accumulate(intVect.begin(),intVect.end(),5);
18      cout << endl;
19      cout << "Result :" << result << endl;
20  }
```

程序运行结果如图 13.13 所示。

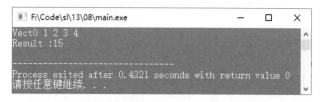

图 13.13 应用 accumulate 算法累加元素值

程序中对容器内的元素值进行累加，结果是（1+2)+(2+3)+(3+4)=15。

（1）vector容器中存储了某公司今年各种产品的销售额，计算该公司今年的总销售额。（**资源包\Code\Try\145**）

拓展训练　（2）某人在商城买东西，结账时，将所有选购的商品存储在一个容器中，计算该人总共需要付多少钱。（**资源包\Code\Try\146**）

13.4 迭代器

📹 视频讲解：资源包\Video\13\13.4迭代器.mp4

迭代器相当于指向容器元素的指针，它在容器内可以向前移动，也可以做向前和向后双向移动。有专为输入元素准备的迭代器，也有专为输出元素准备的迭代器，还有可以进行随机操作的迭代器，这为访问容器提供了通用方法。

13.4.1 输出迭代器

输出迭代器只用于写序列，它可以进行递增和提取操作。

实例 09　应用输出迭代器	实例位置：资源包\Code\SL\13\09

```cpp
01  #include <iostream>
02  #include <vector>
03  using namespace std;
04  int main()
05  {
06      vector<int> intVect;
07      for(int i=0; i<10; i+=2)
08          intVect.push_back(i);
09      cout << "Vect :" << endl;
10      vector<int>::iterator it=intVect.begin();
11      while(it!=intVect.end())
12          cout << *it++ << endl;
13  }
```

程序运行结果如图 13.14 所示。

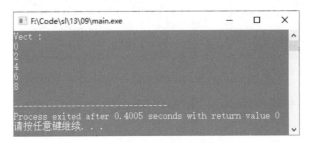

图 13.14　应用输出迭代器

程序使用整型向量的输出迭代器，输出向量中的所有元素。

（1）使用输出迭代器，输出vector<int>中的所有元素。（资源包\Code\Try\147）
（2）vector<CStudent>中存储了三年级二班学生的信息，使用输出迭代器输出所有学生的信息，每行一名学生信息。（资源包\Code\Try\148）

13.4.2　输入迭代器

输入迭代器只用于读序列，它可以进行递增、提取和比较操作。应用输入迭代器的例子如下：

```
01  #include <iostream>
02  #include <vector>
03  using namespace std;
04  int main()
05  {
06      vector<int> intVect(5);
07      vector<int>::iterator out=intVect.begin();
08      *out++ = 1;
09      *out++ = 3;
10      *out++ = 5;
11      *out++ = 7;
12      *out=9;
13      cout << "Vect :";
14      vector<int>::iterator it =intVect.begin();
15      while(it!=intVect.end())
16          cout << *it++ << ' ';
17      cout << endl;
18  }
```

程序运行结果如图 13.15 所示。

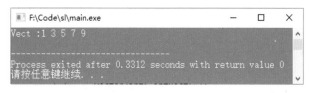

图 13.15　应用输入迭代器

程序中使用输入迭代器向向量容器内添加元素，最后将所添加的元素输出到屏幕。

13.4.3　前向迭代器

前向迭代器既可用于读序列，也可用于写序列，它不仅具有输入迭代器和输出迭代器的功能，还具有保存其值的功能，从而能够从迭代器原来的位置开始重新遍历序列。应用前向迭代器的例子如下：

```
01  #include <iostream>
02  #include <vector>
03  using namespace std;
04  int main()
```

```
05 {
06      vector<int> intVect(5);
07      vector<int>::iterator it=intVect.begin();
08      vector<int>::iterator saveIt=it;
09      *it++ = 12;
10      *it++ = 21;
11      *it++ = 31;
12      *it++ =41;
13      *it=9;
14      cout << "Vect :";
15      while(saveIt!=intVect.end())
16          cout << *saveIt++ << ' ';
17      cout << endl;
18 }
```

程序运行结果如图 13.16 所示。

图 13.16 应用前向迭代器

程序中使用 saveIt 迭代器保存了 it 迭代器的内容，并使用 it 迭代器向容器中添加元素，通过 saveIt 迭代器将容器内的元素输出。

13.4.4 双向迭代器

双向迭代器既可用于读序列，也可用于写序列，与前向迭代器类似，只是双向迭代器可以做递增和递减操作。应用双向迭代器的例子如下：

```
01 #include <iostream>
02 #include <vector>
03 using namespace std;
04 int main()
05 {
06      vector<int> intVect(5);
07      vector<int>::iterator it=intVect.begin();
08      vector<int>::iterator saveIt=it;
09      *it++ = 1;
10      *it++ = 3;
11      *it++ = 5;
12      *it++ = 7;
13      *it=9;
14      cout << "Vect :";
15      while(saveIt!=intVect.end())
16          cout << *saveIt++ << ' ';
17      cout << endl;
18      do
```

```
19        cout << *--saveIt << endl;
20      while(saveIt != intVect.begin());
21      cout << endl;
22  }
```

程序运行结果如图 13.17 所示。

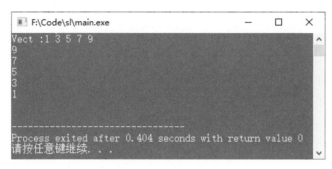

图 13.17　应用双向迭代器

程序中使用 saveIt 迭代器保存了 it 迭代器的内容，并使用 it 迭代器向容器中添加元素，通过 saveIt 迭代器以从前向后和从后向前两种顺序将容器内的元素输出。

13.4.5　随机访问迭代器

随机访问迭代器是最强大的迭代器类型，不仅具有双向迭代器的所有功能，而且还能使用指针的算术运算和所有比较运算。应用随机访问迭代器的例子如下：

```
01  #include <iostream>
02  #include <vector>
03  using namespace std;
04  int main()
05  {
06      vector<int> intVect(5);
07      vector<int>::iterator it=intVect.begin();
08      *it++ = 1;
09      *it++ = 3;
10      *it++ = 5;
11      *it++ = 7;
12      *it=9;
13      cout << "Vect Old:";
14      for(it=intVect.begin(); it!=intVect.end(); it++)
15          cout << *it << ' ';
16      it= intVect.begin();
17      *(it+2)=100;
18      cout << endl;
19      cout << "Vect :";
20      for(it=intVect.begin(); it!=intVect.end(); it++)
21          cout << *it << ' ';
22      cout << endl;
23  }
```

程序运行结果如图 13.18 所示。

图 13.18 应用随机访问迭代器

13.5 小结

本章主要介绍了 STL 中的容器、算法和迭代器。这三者是 STL 的核心内容，并且相互联系非常密切。使用迭代器可以访问容器中的元素，使用算法可以对容器中的元素进行操作。每种容器都有自己的特点，只有熟练掌握了这些特点，才能充分发挥 STL 的作用。此外，还应尽可能多地使用 STL 中提供的算法，这样可以节省许多开发时间。

第**14**章
RTTI 与异常处理

（ ▶ 视频讲解：18 分钟）

面向对象编程的一个特点是运行时类型识别（RTTI），这是对面向对象中多态的支持。使用 RTTI 能够使类的设计更加抽象，更加符合人们的思维。对象的动态生成，能够提高设计的灵活性，而异常处理则可以在程序运行时对可能发生的错误进行控制，防止系统发生灾难性错误。

知识框架

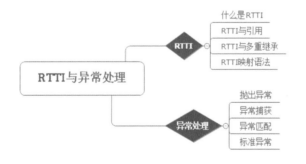

14.1 RTTI

▶ 视频讲解：资源包\Video\14\14.1RTTI.mp4

运行时类型识别（Run-Time Type Identification，RTTI）是指在只有一个指向基类的指针或引用时，确定所指对象的准确类型的操作。

在编写程序时，往往只提供了一个对象的指针，通常在使用时需要明确这个指针的确切类型。利用 RTTI 就可以方便地获取一个对象指针的确切类型并进行控制。

14.1.1 什么是RTTI

RTTI 可以在程序运行时通过一个对象的指针确定该对象的类型。许多程序设计人员都使用过虚基类编写面向对象的功能，通常就是在基类中定义所有子类的通用属性或行为。但有时候子类会存在一些属于自己的公有属性或行为，这时通过基类对象的指针如何调用子类特有的属性和行为呢？首先需要确定这个基类对象属于哪个子类，然后将该对象转换成子类对象再进行调用。

图 14.1 展示了具有特有功能的类。

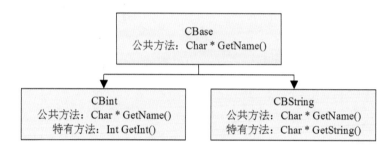

图 14.1 具有特有功能的类

从图 14.1 中可以看出，CBint 类和 CBString 类都继承了 CBase 类，这 3 个类存在一个公共方法 GetName()，而 CBint 类有自己的方法 GetInt()，CBString 类有自己的方法 GetString()。如果想通过 CBase 类的指针调用 CBint 类或 CBString 类的特有方法，则必须确定指针的具体类型。下面的代码完成了这样的功能。

```
01 class Cbase                              // 基类
02 {
03 public:
04     virtual char * GetName()=0;         // 虚方法
05 };
06 class CBint:public CBase
07 {
08 public:
09     char * GetName() { return "CBint"; }
10     int GetInt(){ return 1; }
11 };
12 class CBString:public CBase
13 {
14 public:
15     char * GetName() { return "CBString"; }
16     char * GetString(){ return "Hello"; }
17 };
18 int main(int argc, char* argv[])
19 {
20     CBase * B1 = (CBase *)new CBint();
21     printf(B1->GetName());
22     CBint *B2 = static_cast<CBint*>(B1);        // 静态转换
23     if (B2)
24         printf("%d",B2->GetInt());
25     CBase * C1 = (CBase *)new CBString();
26     printf(C1->GetName());
```

```
27      CBString *C2 = static_cast<CBString *>(C1);
28      if (C2)
29          printf(C2->GetString());
30      return 0;
31  }
```

从上面的代码可以看出，CBase 基类的指针 B1 和 C1 分别指向了 CBint 类与 CBString 类的对象，并且在程序运行时基类通过 static_cast 进行了转换，这样就形成了一个运行时类型识别的过程。

14.1.2　RTTI 与引用

RTTI 必须能与引用一起工作。指针与引用存在明显的不同，因为引用总是由编译器逆向引用，而一个指针的类型或它所指向的类型可能需要检测。例如，下面的代码定义了一个基类和一个子类。

```
01  #include "stdafx.h"
02  #include "typeinfo.h"
03  class CB
04  {
05  public:
06      int GetInt(){ return 1;};
07  };
08  class CI:public CB
09  {
10  };
```

通过下面的代码可以看出，typeid() 获取的指针是基类类型，而不是子类类型，typeid() 获取的引用是子类类型。

```
01  int main(int argc, char* argv[])
02  {
03      CB *p = new CI();
04      CB &t = *p;
05      if (typeid(p) == typeid(CB*))
06          printf("指针类型是基类类型! \n");
07      if (typeid(p) != typeid(CI*))
08          printf("指针类型不是子类类型! \n");
09      if (typeid(t) == typeid(CB))
10          printf("引用类型是子类类型! \n");
11      return 0;
12  }
```

与此相反，在 typeid() 看来，指针指向的类型是子类类型，而不是基类类型，而使用一个引用的地址时产生的是基类类型，而不是子类类型。

```
if (typeid(*p) == typeid(CB))
    printf("指针类型是基类类型! \n");
if (typeid(*p) != typeid(CI))
    printf("指针类型不是子类类型! \n");
if (typeid(&t) == typeid(CB*))
    printf("引用类型是基类类型! \n");
```

```
if (typeid(&t) != typeid(CI*))
    printf("引用类型不是子类类型! \n");
```

14.1.3 RTTI 与多重继承

RTTI 的功能非常强大，在面向对象的编程中，即使在类继承时使用了虚基类，RTTI 也仍然可以准确地获取对象的运行时信息。

例如，在下面的代码中，子类通过虚基类的形式继承父类，使用 RTTI 获取基类指针对象的信息。

```
01 #include "stdafx.h"
02 #include "typeinfo.h"
03 #include "iostream.h"
04 class CB                                    // 基类
05 {
06     virtual void dowork(){};               // 虚方法
07 };
08 class CD1:virtual public CB
09 {
10 };
11 class CD2:virtual public CB
12 {
13 };
14 class CD3:public CD1,public CD2
15 {
16 public:
17     char *Print(){ return "Hello";};
18 };
19 int main(int argc, char* argv[])
20 {
21     CB * p = new CD3();                     // 向上转型
22     cout << typeid(*p).name() << endl;      // 获取指针信息
23     CD3 * pd3 = dynamic_cast<CD3*>(p);      // 动态转型
24     if (pd3)
25         cout << pd3->Print() << endl;
26     return 0;
27 }
```

即使只提供一个 virtual 基类指针，typeid() 也能准确地检测出实际对象的名字。使用动态映射，同样会工作得很好，但编译器不允许使用原来的方法强制映射：

```
CD3 *pd3 = (CD3 *)p;                        // 错误转换
```

编译器知道这不可能正确，所以它要求用户使用动态映射。

14.1.4 RTTI 映射语法

无论什么时候使用类型映射，都是在打破类型系统，这实际上是在告诉编译器，即使知道一个对象的确切类型，也可以假定它是另外一种类型。这本身就是一件很危险的事情，也是一个容易发生错误的地方。

为了解决这个问题，C++ 语言使用 dynamic_cast、const_cast、static_cast 和 reinterpret_cast 保留字，提供了一个统一的类型映射语法。这意味着那些已有的映射语法已经被重载太多，不能再支持任何其他功能了。

（1）dynamic_cast：用于类型安全的向下映射。

例如，通过 dynamic_cast 实现基类指针的向下转型。

```
01 #include "stdafx.h"
02 #include "iostream.h"
03 class CBase
04 {
05 public:
06     virtual void Print(){ cout << "CBase" << endl; }
07 };
08 class CChild:public CBase
09 {
10 public:
11     void Print(){ cout << "CChild" << endl; }
12 };
13 int main(int argc, char* argv[])
14 {
15     CBase *p = new CChild();
16     p->Print();
17     CChild *d = dynamic_cast<CChild*>(p);
18     d->Print();
19     return 0;
20 }
```

（2）const_cast：用于映射常量和变量。

如果想把一个 const 转换为非 const，则要用到 const_cast。这是可以使用 const_cast 的唯一转换。如果还涉及其他转换，则必须分开来指定，否则会发生编译错误。

例如，在常方法中修改成员变量和常量的值。

```
01 #include "stdafx.h"
02 #include "iostream.h"
03 class CX
04 {
05 protected:
06     int m_count;
07 public:
08     CX(){m_count = 10;}
09     void f() const                          // 常方法，不能修改成员变量
10     {
11         (const_cast<CX*>(this))->m_count = 8;    // 修改成员变量
12         cout << m_count << endl;
13     }
14 };
15 int main(int argc, char* argv[])
16 {
17     CX *p = new CX();
18     p->f();
```

```
19      const int i = 10;                                    // 常量
20      int *n = const_cast<int*>(&i);                       // 转换为非常量
21      *n = 5;
22      cout << *n << endl;
23      return 0;
24  }
```

（3）static_cast：为了"行为良好"和"行为较好"而使用的映射，如向上转型和类型自动转换。
例如，通过 static_cast 将子类指针向上转换成基类指针。

```
01  #include "stdafx.h"
02  #include "iostream.h"
03  class CB                                                 // 基类
04  {
05  public:
06      virtual void print(){ cout << "class CB" << endl;}   // 虚方法
07  };
08  class CD:public CB                                       // 子类
09  {
10  public:
11      void print(){ cout << "class CD" << endl;}           // 覆盖
12  };
13  int main(int argc, char* argv[])
14  {
15      CD *p = new CD();
16      p->print();
17      CB *b = static_cast<CB*>(p);                         // 向上转型
18      b->print();
19      return 0;
20  }
```

（4）reinterpret_cast：将某一类型映射回原类型时使用。
例如，将整型转换成字符型，再使用 reinterpret_cast 转换回原类型。

```
01  #include "stdafx.h"
02  #include "iostream.h"
03  int main(int argc, char* argv[])
04  {
05      int n = 97;
06      char p[4] = {0};                                     // 定义与整型大小相同的字符数组
07      p[0] = (char)n;                                      // 第一个元素为97
08      cout << p << endl;
09      int *f = reinterpret_cast<int*>(&p);                 // 将数组p转换回原类型
10      cout << *f << endl;
11      return 0;
12  }
```

14.2　异常处理

视频讲解

📹 视频讲解：资源包\Video\14\14.2异常处理.mp4

　　异常处理是程序设计中除调试之外的另一种错误处理方法，在实际设计中，它往往被大多数程序设计人员所忽略。异常处理引起的代码膨胀将不可避免地增加程序阅读的难度，这对于程序设计人员来说是十分烦恼的。异常处理与真正的错误处理有一定的区别，异常处理不但可以对系统错误做出反应，而且可以对人为制造的错误做出反应并处理。本章将向读者介绍 C++ 语言中异常处理的方法。

14.2.1　抛出异常

　　当程序执行到某一函数或方法的内部时，程序本身出现了一些异常，但这些异常并不能由系统所捕获，这时就可以创建一个错误信息，然后由系统捕获该错误信息并处理。创建错误信息并发送这一过程就是抛出异常。

　　最初抛出的异常信息只是一些常量，这些常量通常是整型值或字符串信息。下面的代码是通过创建整型值信息抛出异常的。

```
01  #include "stdafx.h"
02  #include "iostream.h"
03  int main(int argc, char* argv[])
04  {
05      try
06      {
07          throw 1;                  // 抛出异常
08      }
09      catch(int error)
10      {
11          if (error == 1)           // 异常信息
12              cout << "产生异常" << endl;
13      }
14      return 0;
15  }
```

　　在 C++ 语言中，抛出异常是使用 throw 关键字来实现的，在这个关键字的后面可以跟随任何类型的值。在上面的代码中，将整型值 1 作为异常信息抛出，当捕获异常时就可以根据该信息进行异常处理。

　　抛出异常时还可以使用字符串作为异常信息进行发送，代码如下：

```
01  #include "stdafx.h"
02  #include "iostream.h"
03  int main(int argc, char* argv[])
04  {
05      try
06      {
07          throw "异常产生！";         // 抛出异常
08      }
09      catch(char * error)
10      {
```

```
11          cout << error << endl;
12      }
13      return 0;
14 }
```

可以看到，字符串形式的异常信息适合异常显示，但并不适合异常处理。那么，是否可以将整型信息与字符串信息结合起来作为异常信息进行抛出呢？前面讲过，throw 关键字后面跟随的是类型值，所以不但可以跟随基本数据类型的值，而且可以跟随类类型的值，这就可以通过类的构造函数将整型信息与字符串信息结合在一起，并且可以同时应用更加灵活的功能。

例如，将错误 ID 和错误信息以类对象的形式进行异常抛出。

```
01 #include "stdafx.h"
02 #include "iostream.h"
03 #include "string.h"
04 class CCustomError                                    // 异常类
05 {
06 private:
07     int m_ErrorID;                                    // 异常ID
08     char m_Error[255];                                // 异常信息
09 public:
10     CCustomError(int ErrorID,char *Error)             // 构造函数
11     {
12         m_ErrorID = ErrorID;
13         strcpy(m_Error,Error);
14     }
15     int GetErrorID(){ return m_ErrorID; }             // 获取异常ID
16     char * GetError(){ return m_Error; }              // 获取异常信息
17 };
18 int main(int argc, char* argv[])
19 {
20     try
21     {
22         throw (new CCustomError(1,"出现异常！"));       // 抛出异常
23     }
24     catch(CCustomError* error)
25     {
26         // 输出异常信息
27         cout << "异常ID: " << error->GetErrorID() << endl;
28         cout << "异常信息: " << error->GetError() << endl;
29     }
30     return 0;
31 }
```

程序中定义了一个异常类，这个类包含两部分内容，其中一部分是异常 ID，也就是异常信息的编号；另一部分是异常信息，也就是异常的说明文本。通过 throw 关键字抛出异常时，需要指定这两个参数。

14.2.2 异常捕获

异常捕获是指当一个异常被抛出时，不一定就在异常抛出的位置来处理这个异常，而是可以捕获

这个异常，在其他地方进行处理。这样不仅提高了程序结构的灵活性，还提高了异常处理的方便性。

如果在函数内抛出一个异常（或者在函数调用时抛出一个异常），则将在异常抛出时退出函数。如果不想在异常抛出时退出函数，则可以在函数内创建一个特殊块来解决实际程序中的问题。这个特殊块由 try 关键字组成，例如：

```
try
{
// 抛出异常
}
```

异常信号发出后，一旦被异常处理器接收到就会被销毁。异常处理器应该具备接收任何异常信号的能力。异常处理器紧跟在 try 语句块之后，处理方法由 catch 关键字引导。

```
try
{
}
catch(type obj)
{
}
```

必须直接将异常处理部分放在 try 语句块之后。异常信号发出后，异常处理器中的第一个参数与异常抛出对象相匹配的函数将捕获该异常信号，然后进入相应的 catch 语句，执行异常处理程序。catch 语句与 switch 语句不同，不需要在每条 case 语句后加入 break 来中断后面程序的执行。

下面通过 try...catch 语句来捕获异常。代码如下：

```
01  #include "stdafx.h"
02  #include "iostream.h"
03  #include "string.h"
04  class CCustomError                              // 异常类
05  {
06  private:
07      int m_ErrorID;                              // 异常ID
08      char m_Error[255];                          // 异常信息
09  public:
10      CCustomError()                              // 构造函数
11      {
12          m_ErrorID = 1;
13          strcpy(m_Error,"出现异常！");
14      }
15      int GetErrorID(){ return m_ErrorID; }       // 获取异常ID
16      char * GetError(){ return m_Error; }        // 获取异常信息
17  };
18  int main(int argc, char* argv[])
19  {
20      try
21      {
22          throw (new CCustomError());             // 抛出异常
23      }
24      catch(CCustomError* error)
25      {
26          // 输出异常信息
```

```
27            cout << "异常ID: " << error->GetErrorID() << endl;
28            cout << "异常信息: " << error->GetError() << endl;
29        }
30    return 0;
31 }
```

通过上面的代码可以看到，直接在 try 语句块中捕获了使用 throw 抛出的异常。因此，从这里可以看出，抛出异常的语句既可以直接写在 try 语句块的内部，也可以写在函数或类方法的内部，但函数或方法必须写在 try 语句块的内部才可以捕获到异常。

异常处理器可以成组出现，同时根据 try 语句块获取的异常信息处理不同的异常。代码如下：

```
01 int main(int argc, char* argv[])
02 {
03    try
04    {
05        throw "字符串异常！";
06        // throw (new CCustomError());          // 抛出异常
07    }
08    catch(CCustomError* error)
09    {
10        // 输出异常信息
11        cout << "异常ID: " << error->GetErrorID() << endl;
12        cout << "异常信息: " << error->GetError() << endl;
13    }
14    catch(char * error)
15    {
16        cout << "异常信息: " << error << endl;
17    }
18    return 0;
19 }
```

有时在 catch 块中列出的异常并不一定包含所有可能发生的异常类型，所以 C++ 语言提供了可以处理任何类型异常的方法——在 catch 后面的括号内添加“...”（省略号）。代码如下：

```
01 int main(int argc, char* argv[])
02 {
03    try
04    {
05        throw "字符串异常！";
06        // throw (new CCustomError());          // 抛出异常
07    }
08    catch(CCustomError* error)
09    {
10        // 输出异常信息
11        cout << "异常ID: " << error->GetErrorID() << endl;
12        cout << "异常信息: " << error->GetError() << endl;
13    }
14    catch(char * error)
15    {
16        cout << "异常信息: " << error << endl;
```

```
17        }
18        catch(...)
19        {
20            cout << "未知异常信息！" << endl;
21        }
22        return 0;
23  }
```

有时需要重新抛出刚刚接收到的异常，尤其是在程序无法得到有关异常的信息而用省略号捕获任意的异常时。这个工作通过加入不带参数的 throw 就可以完成：

```
catch (...) {
   cout << "未知异常！"<<endl;
   throw ;
}
```

如果 catch 语句忽略了一个异常，那么这个异常将进入更高层的异常处理环境。由于每个异常抛出的对象都是被保留的，所以更高层的异常处理器可以抛出来自这个对象的所有信息。

14.2.3 异常匹配

当程序中有异常被抛出时，异常处理系统会根据异常处理器的顺序找到最近的异常处理块，并不会搜索更多的异常处理块。

异常匹配并不要求异常与异常处理器完美匹配，一个对象或一个派生类对象的引用将与基类处理器匹配。若抛出的是类对象的指针，则指针会匹配相应的对象类型，但不会自动转换成其他对象的类型。例如：

```
01  #include "stdafx.h"
02  class CExcept1{};
03  class CExcept2
04  {
05  public:
06      CExcept2(CExcept1& e){}
07  };
08  int main(int argc, char* argv[])
09  {
10      try
11      {
12          throw CExcept1();
13      }
14      catch (CExcept2)
15      {
16          printf("进入CExcept2异常处理器！\n");
17      }
18      catch(CExcept1)
19      {
20          printf("进入CExcept1异常处理器！\n");
21      }
22      return 0;
23  }
```

在上面的代码中，可以认为第一个异常处理器会使用构造函数进行转换，将 CExcept1 对象转换为 CExcept2 对象。但实际上，系统在异常处理期间并不会执行这样的转换，而是在 CExcept1 处中止。

下面的代码演示了基类处理器如何捕获派生类的异常。

```
01  #include "stdafx.h"
02  #include "iostream.h"
03  class CExcept
04  {
05  public:
06      virtual char *GetError(){ return "基类处理器"; }
07  };
08  class CDerive : public CExcept
09  {
10  public:
11      char *GetError(){ return "派生类处理器"; }
12  };
13  int main(int argc, char* argv[])
14  {
15      try
16      {
17          throw CDerive();
18      }
19      catch(CExcept)
20      {
21          cout << "进入基类处理器\n";
22      }
23      catch(CDerive)
24      {
25          cout << "进入派生类处理器\n";
26      }
27      return 0;
28  }
```

从上面的代码可以看出，虽然抛出的异常是 CDerive 类，但由于通过 catch 定义的第一个异常是 CExcept 类，而该类是 CDerive 类的基类，所以将进入此异常处理器的内部。为了正确地进入指定的异常处理器，在对异常处理器进行排列时应将派生类排在前面，而将基类排在后面。

14.2.4 标准异常

由于可以直接将 C++ 标准库中的一些异常类应用到程序中，所以使用标准异常类会比使用自定义异常类容易得多。如果系统提供的标准异常类不能满足需要，那么就不可以在这些标准异常类的基础上进行派生。下面给出了 C++ 语言提供的一些标准异常类。

```
01  namespace std
02  {
03      // exception派生
04      class logic_error;          // 逻辑错误，在程序运行前可以检测出来
05      // logic_error派生
06      class domain_error;         // 违反了前置条件
```

```
07    class invalid_argument;       // 指出函数的一个无效参数
08    class length_error;           // 指出有一个超过类型size_t的最大可表现值长度的对象
09    class out_of_range;           // 参数越界
10    class bad_cast;               // 在运行时类型识别中有一个无效的dynamic_cast表达式
11    class bad_typeid;             // 报告typeid(*p)表达式中有一个空指针p
12    // exception派生
13    class runtime_error;          // 运行时错误，仅能在程序运行中检测出来
14    // runtime_error派生
15    class range_error;            // 违反了后置条件
16    class overflow_error;         // 报告一个算术溢出
17    class bad_alloc;              // 存储分配错误
18 }
```

注意观察上面的类层次结构，可以看出，标准异常类都派生自一个公共的基类 exception。基类包含必要的多态性函数提供异常描述，它们可以被重载。下面是 exception 类的原型。

```
01 class exception
02 {
03    public:
04        exception() throw();
05        exception(const exception& rhs) throw();
06        exception& operator=(const exception& rhs) throw();
07        virtual ~exception() throw();
08        virtual const char *what() const throw();
09 };
```

14.3　小结

本章主要介绍了 RTTI 的使用，以及如何进行异常处理。通过对运行时类型识别的学习，可以丰富类的设计思路，加强对面向对象的理解，有助于理解类间的类型转换。程序中出现异常是不可避免的，异常处理能够帮助程序开发人员尽快发现错误。为了减少错误的发生，程序开发人员应尽量掌握更多的异常处理方法。

第15章

文件操作

（ ▶ 视频讲解：36 分钟）

本章概览

　　文件操作是程序开发中不可缺少的一部分，任何需要数据存储的软件都需要进行文件操作。文件操作包括打开文件、读文件和写文件。在掌握读文件和写文件操作的同时，还要理解文件指针的移动，使用文件指针能够控制读文件和写文件的位置。

知识框架

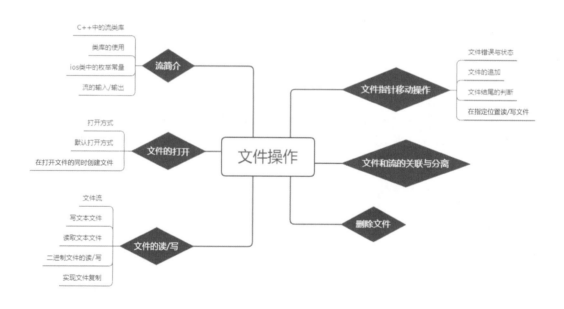

15.1 流简介

▶ 视频讲解：资源包\Video\15\15.1流简介.mp4

视频讲解

15.1.1 C++ 中的流类库

C++ 语言为不同类型数据的标准输入 / 输出定义了专门的类库，类库中主要有 ios、istream、ostream、iostream、ifstream、ofstream、fstream、istrstream、ostrstream 和 strstream 等类。ios 为根基类，它直接派生 4 个类，分别为输入流类 istream、输出流类 ostream、文件流基类 fstreambase 和字符串流基类 strstreambase。输入文件流类 ifstream 同时继承了输入流类和文件流基类，输出文件流类 ofstream 同时继承了输出流类和文件流基类，输入字符串流类 istrstream 同时继承了输入流类和字符串流基类，输出字符串流类 ostrstream 同时继承了输出流类和字符串流基类，输入 / 输出流类 iostream 同时继承了输入流类和输出流类，输入 / 输出文件流类 fstream 同时继承了输入 / 输出流类和文件流基类，输入 / 输出字符串流类 strstream 同时继承了输入 / 输出流类和字符串流基类。类库关系如图 15.1 所示。

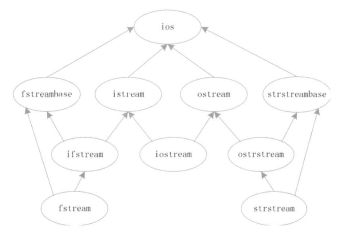

图 15.1 类库关系

15.1.2 类库的使用

C++ 系统中的 I/O 标准类都被定义在 iostream.h、fstream.h 和 strstream.h 这 3 个头文件中，各头文件中包含的类如下：

☑ 在进行标准 I/O 操作时，使用 iostream.h 头文件，它包含有 ios、iostream、istream 和 ostream 等类。

☑ 在进行文件 I/O 操作时，使用 fstream.h 头文件，它包含有 fstream、ifstream、ofstream 和 fstreambase 等类。

☑ 在进行串 I/O 操作时，使用 strstrea.h 头文件，它包含有 strstream、istrstream、ostrstream、strstreambase 和 iostream 等类。

要进行什么样的操作，只要引入相应的头文件就可以使用其中的类进行操作了。

15.1.3 ios 类中的枚举常量

根基类 ios 中定义了用户需要使用的枚举类型。由于它们是在公有成员部分定义的，所以其中的每个枚举类型常量在加上 ios:: 前缀后都可以被本类成员函数和所有外部函数访问。

在 3 个枚举类型中有 1 个无名的枚举类型，其中定义的每个枚举类型常量都是用于设置控制输入 / 输出格式的标志。该枚举类型定义如下：

```
enum{skipws,left,right,insternal,dec,oct,hex,showbase,showpoint,
    uppercase,showpos,scientific,fixed,unitbuf,stdio};
```

主要枚举类型常量的含义如下。

- ☑ skipws：利用它设置对应的标志后，从流中输入数据时跳过当前位置及后面所有连续的空白符，从第一个非空白符开始读数，否则不跳过空白符。空格、制表符"\t"、回车符"\r"和换行符"\n"统称为空白符。默认为设置。
- ☑ left：靠左对齐输出数据。
- ☑ right：靠右对齐输出数据。
- ☑ insternal：显示占满整个域宽，用填充字符在符号和数值之间填充。
- ☑ dec：用十进制格式输出数据。
- ☑ hex：用十六进制格式输出数据。
- ☑ showbase：在数值前显示基数符，八进制格式的基数符是 0，十六进制格式的基数符是 0x。
- ☑ showpoint：强制输出的浮点数中带有小数点和小数尾部的无效数字 0。
- ☑ uppercase：用大写输出数据。
- ☑ showpos：在数值前显示符号。
- ☑ scientific：用科学计数法显示浮点数。
- ☑ fixed：用固定的小数位数显示浮点数。

15.1.4 流的输入 / 输出

通过前面的学习，相信读者已经对文件流有了一定的了解，现在通过实例来介绍如何在程序中使用流进行输出。

实例 01　字符相加并输出	实例位置：资源包\Code\SL\15\01

```cpp
01 #include <iostream>
02 #include <strstream>
03 using namespace std;
04 int main()
05 {
06     char buf[]="12345678";
07     int i,j;
08     istrstream s1(buf);
09     s1 >> i;                 // 将字符串转换为数字
10     istrstream s2(buf,3);
11     s2 >> j;                 // 将字符串转换为数字
12     cout << i+j <<endl;      // 两个数字相加
13 }
```

程序运行结果如图 15.2 所示。

图 15.2 字符相加并输出

（1）试着编写一个函数，使用istrstream将字符串转换为整数返回。（**资源包\Code\Try\149**）

（2）试着编写一个函数，接收命令行参数，将输入的字符串转换成整数并输出。（**资源包\Code\Try\150**）

15.2 文件的打开

视频讲解：**资源包\Video\15\15.2文件的打开.mp4**

15.2.1 打开方式

只有使用文件流与磁盘上的文件进行连接后，才能对磁盘上的文件进行操作。这个连接过程被称为打开文件。

打开文件的方式有以下两种。

（1）在创建文件流时，利用构造函数打开文件，即在创建流时加入参数。语法结构如下：

```
<文件流类> <文件流对象名>(<文件名>,<打开方式>)
```

其中，文件流类可以是 fstream、ifstream 和 ofstream 之一；文件名指的是磁盘文件的名称，包括磁盘文件的路径名；打开方式在 ios 类中定义，有输入方式、输出方式、追加方式等。

☑ ios::in ：以输入方式打开文件，文件只能读，不能写。

☑ ios::out ：以输出方式打开文件，文件只能写，不能取。

☑ ios::app ：以追加方式打开文件，打开后文件指针在文件的尾部，可写。

☑ ios::ate ：打开已存在的文件，文件指针指向文件的尾部，可读可写。

☑ ios::binary ：以二进制方式打开文件。

☑ ios::trunc ：打开文件进行写操作。如果文件已经存在，则清除文件中的数据。

☑ ios::nocreate ：打开已经存在的文件。如果文件不存在，则打开失败，不创建文件。

☑ ios::noreplace ：创建新文件。如果文件已经存在，则打开失败，不覆盖文件。其参数可以结合"|"运算符使用。例如：

➢ ios::in|ios::out ：以读 / 写方式打开文件，对文件可读可写。

➢ ios::in|ios::binary ：以二进制方式打开文件，进行读操作。

使用相对路径打开 test.txt 文件进行写操作：

```
ofstream outfile("test.txt",ios::out);
```

使用绝对路径打开 test.txt 文件进行写操作：

```
ofstream outfile("c:\\test.txt",ios::out);
```

注意

"\" 字符表示转义。如果使用 "c:\"，则必须写成 "c:\\"。

（2）利用 open 函数打开磁盘文件。语法结构如下：

```
<文件流对象名>.open(<文件名>,<打开方式>);
```

文件流对象名指的是一个已经定义的文件流对象的名称。

```
ifstream infile;
infile.open("test.txt",ios::out);
```

使用两种方式中的任意一种打开文件，如果打开成功，则文件流对象为非 0 值；如果打开失败，则文件流对象为 0 值。检测一个文件是否打开成功，可以使用如下语句：

```
void open(const char * filename,int mode,int prot=filebuf::openprot)
```

prot 决定文件的访问方式，其取值说明如下：
- ☑ 0，普通文件。
- ☑ 1，只读文件。
- ☑ 2，隐含文件。
- ☑ 4，系统文件。

15.2.2 默认打开方式

如果没有指定打开方式参数，则编译器会使用默认值。

```
std::ofstream std::ios::out | std::ios::trunk
std::ifstream std::ios::in
std::fstream  无默认值
```

根据用户的需要，文件打开方式有不同的组合，下面就对各种方式的效果进行介绍。文件打开方式如表 15.1 所示。

表 15.1 文件打开方式

打开方式	效 果	文件存在	文件不存在
in	为了读而打开	—	错误
out	为了写而打开	截断	创建
out | trunc	—	—	—
out | app	为了在文件末尾处写而打开	—	创建
in | out	为了输入 / 输出而打开	—	创建
in | out |trunc	为了输入 / 输出而打开	截断	创建

15.2.3 在打开文件的同时创建文件

通过前面的学习，相信读者已经对文件操作有了一定的了解。为了使读者更好地掌握前面学习的知识，下面通过实例进一步介绍。

实例 02　创建文件　　　　　　　　　　　　　　　　　　　　实例位置：资源包\Code\SL\15\02

```
01 #include <iostream>
02 #include <fstream>
03 using namespace std;
04 int main()
05 {
06     ofstream ofile;
07     cout << "Create file1" << endl;
08     ofile.open("test.txt");
09     if(!ofile.fail())
10     {
11         ofile << "name1" << " ";
12         ofile << "sex1" << " ";
13         ofile << "age1";
14         ofile.close();
15         cout << "Create file2" <<endl;
16         ofile.open("test2.txt");
17         if(!ofile.fail())
18         {
19             ofile << "name2" << " ";
20             ofile << "sex2" << " ";
21             ofile << "age2";
22             ofile.close();
23         }
24     }
25     return 0;
26 }
```

　　运行程序，将会创建两个文件。由于 ofstream 的默认打开方式是 std::ios::out | std::ios::trunk，所以，如果文件夹内没有 test.txt 文件和 test2.txt 文件，则会创建这两个文件，并向文件中写入字符串——向 test.txt 文件中写入 "name1 sex1 age1" 字符串，向 test2.txt 文件中写入 "name2 sex2 age2" 字符串。如果文件夹内有 test.txt 文件和 test2.txt 文件，那么程序会覆盖原有的文件而重新写入。

　　（1）在程序设计中，经常需要长期保存一些数据，比如自动登录时需要保存账号。请编写一个程序，该程序接收用户输入的账号，然后创建一个以账号为文件名的文件。（资源包\Code\Try\151）

拓展训练　　（2）编写一个程序，该程序连续创建10个文件，文件名分别为1.txt, 2.txt, …, 10.txt。（资源包\Code\Try\152）

15.3　文件的读 / 写

视频讲解

📹 视频讲解：资源包\Video\15\15.3文件的读写.mp4

　　在对文件进行操作时，必然离不开读 / 写文件。在使用程序查看文件内容时，首先要读取文件；

而要修改文件内容时，则需要向文件中写入数据。本节主要介绍通过程序实现对文件的读 / 写操作。

15.3.1 文件流

（1）流对象声明

流可以分为 3 类，即输入流、输出流和输入 / 输出流。相应地，必须将流声明为 ifstream 类、ofstream 类和 fstream 类的对象。

```
ifstream ifile;      // 声明一个输入流
ofstream ofile;      // 声明一个输出流
fstream iofile;      // 声明一个输入/输出流
```

在声明了流对象之后，可以使用 open() 函数打开文件。文件的打开就是在流与文件之间建立一个连接。

（2）文件流成员函数

ofstream 类和 ifstream 类有很多用于磁盘文件管理的函数。

☑ attach：在一个打开的文件与流之间建立连接。

☑ close：刷新未保存的数据后关闭文件。

☑ flush：刷新流。

☑ open：打开一个文件并把它与流连接。

☑ put：把一个字节写入流中。

☑ rdbuf：返回与流连接的 filebuf 对象。

☑ seekp：设置流文件指针位置。

☑ setmode：设置流为二进制模式或文本模式。

☑ tellp：获取流文件指针位置。

☑ write：把一组字节写入流中。

（3）fstream 成员函数

fstream 成员函数如表 15.2 所示。

表 15.2 fstream 成员函数

函 数 名	功能描述
get(c)	从文件中读取一个字符
getline(str,n, '\n')	从文件中读取字符存入 str 字符串中，直到读取 n-1 个字符或者遇到 "\n" 时结束
peek()	查找下一个字符，但不从文件中取出
put(c)	将一个字符写入文件中
putback(c)	将一个字符放回输入流中，但不保存
eof	如果读取超过 eof，则返回 True
ignore(n)	跳过 n 个字符，当参数为空时，表示跳过下一个字符

参数c、str为char类型，参数n为int类型。

说明

　　通过上面的介绍，相信读者已经对文件流有了一定的了解，下面就通过 ifstream 和 ofstream 对象来实现读 / 写文件的功能。

实例 03　读 / 写文件　　　　　　　　　　　　　　实例位置：资源包\Code\SL\15\03

```
01 #include <iostream>
02 #include <fstream>
03 #include <cstring>
04 using namespace std;
05 int main()
06 {
07     char buf[128];
08     ofstream ofile("test.txt");
09     for(int i=0;i<5;i++)
10     {
11         memset(buf,0,128);
12         cin >> buf;
13         ofile << buf;
14     }
15     ofile.close();
16     ifstream ifile("test.txt");
17     while(!ifile.eof())
18     {
19         char ch;
20         ifile.get(ch);
21         if(!ifile.eof())
22             cout << ch;
23     }
24     cout << endl;
25     ifile.close();
26     return 0;
27 }
```

　　程序运行结果如图 15.3 所示。

图 15.3　读 / 写文件

　　程序首先使用 ofstream 类创建并打开 test.txt 文件，然后需要用户输入 5 次数据，程序把这 5 次输入的数据全部写入 test.txt 文件中，接着关闭 ofstream 类打开的文件，使用 ifstream 类打开文件，将文件中的内容输出。

（1）试着编写一个程序，该程序接收用户输入的用户名和密码，并把用户名和密码保存在config.txt文件中(该文件事先已建好)。（**资源包\Code\Try\153**）

（2）试着编写一个程序，从config.txt文件中读取用户名和密码，并输出。（**资源包\Code\Try\154**）

15.3.2 写文本文件

文本文件是开发程序时经常用到的文件，使用记事本程序就可以打开文本文件。文本文件以 .txt 为扩展名。15.3.1 节已经使用 ifstream 类和 ofstream 类创建了文本文件并写入了数据，本节主要使用 fstream 类向文本文件中写入数据。

实例 04 向文本文件中写入数据	**实例位置：资源包\Code\SL\15\04**

```cpp
01 #include <iostream>
02 #include <fstream>
03 using namespace std;
04 int main()
05 {
06     fstream file("test.txt",ios::out);
07     if(!file.fail())
08     {
09         cout << "start write " << endl;
10         file << "name" << " ";
11         file << "sex" << " ";
12         file << "age" << endl;
13     }
14     else
15         cout << "can not open" << endl;
16     file.close();
17     return 0;
18 }
```

程序通过 fstream 类的构造函数打开文本文件 test.txt，然后向文本文件中写入"name sex age"字符串。

（1）编写一个程序，接收用户的输入，将输入的数字写入log.txt文件中。（**资源包\Code\Try\155**）

（2）编写一个程序，接收用户输入的两个数字，求和之后将这一过程写入result.txt文件中。比如用户输入"1"和"2"，则文件的内容应该为"1＋2＝3"。（**资源包\Code\Try\156**）

15.3.3 读取文本文件

前面介绍了如何写入文件信息，下面通过实例来介绍如何读取文本文件的内容。

实例 05　读取文本文件的内容　　　　　　　　　实例位置：资源包\Code\SL\15\05

```
01 #include <iostream>
02 #include <fstream>
03 using namespace std;
04 int main()
05 {
06     fstream file("test.txt",ios::in);
07     if(!file.fail())
08     {
09         while(!file.eof())
10         {
11             char buf[128];
12             file.getline(buf,128);
13             if(file.tellg()>0)
14             {
15                 cout << buf;
16                 cout << endl;
17             }
18         }
19     }
20     else
21         cout << "can not open" << endl;;
22     file.close();
23     return 0;
24 }
```

程序打开文本文件 test.txt，文件的内容如图 15.4 所示。

程序读取文本文件 test.txt 中的内容，并将其输出，如图 15.5 所示。

图 15.4　文本文件的内容

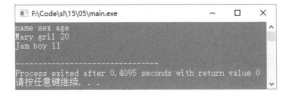

图 15.5　读取文本文件的内容

拓展训练

（1）试着编写一个程序，该程序可以接收一个文件名作为输入，打印出文件内容的第一行。（资源包\Code\Try\157）

（2）试着编写一个程序，该程序可以打印出 a.csv 文件的内容。该文件的内容为

姓名,年龄,身高

王二毛,22, 178

小科,18, 176

（资源包\Code\Try\158）

15.3.4 二进制文件的读 / 写

文本文件中的数据都是以 ASCII 码方式存储的，如果要读取图片的内容，那么就不能使用读取文本文件的方法了。而是需要使用 ios::binary 模式，以二进制方式读 / 写文件。下面通过实例来介绍如何实现这一功能。

实例 06　使用 read 读取文件　　　　　　　　　　　　　实例位置：资源包\Code\SL\15\06

```cpp
01 #include <iostream>
02 #include <fstream>
03 #include <cstring>
04 using namespace std;
05 int main()
06 {
07     char buf[50];
08     fstream file;
09     file.open("test.dat",ios::binary|ios::out);
10     for(int i=0; i<2; i++)
11     {
12         memset(buf,0,50);
13         cin >> buf;
14         file.write(buf,50);
15         file << endl;
16     }
17     file.close();
18     file.open("test.dat",ios::binary|ios::in);
19     while(!file.eof())
20     {
21         memset(buf,0,50);
22         file.read(buf,50);
23         if(file.tellg()>0)
24             cout << buf;
25     }
26     cout << endl;
27     file.close();
28     return 0;
29 }
```

程序运行结果如图 15.6 所示。

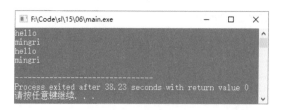

图 15.6 使用 read 读取文件

程序需要用户输入两次数据，然后通过 fstream 类以二进制方式将数据写入文件中，再通过 fstream 类以二进制方式将数据读取出来并输出。读取二进制数据需要使用 read 函数，写入二进制数据需要使用 write 函数。

说明

cout遇到结束符 "\0" 就停止输出。在以二进制格式存储数据的文件中会有很多结束符 "\0"，遇到结束符 "\0" 并不代表数据已经结束。

拓展训练

（1）试着编写一个程序，以十六进制格式输出任意文件的内容。（资源包\Code\Try\159）

（2）试着编写一个程序，读取二进制文件的内容，以十六进制格式输出，并输出对应的 ASCII码。（资源包\Code\Try\160）

15.3.5　实现文件复制

在开发程序时，有时需要进行复制等操作。下面就来介绍复制文件的方法。

```cpp
01 #include <iostream>
02 #include <fstream>
03 #include <iomanip>
04 using namespace std;
05 int main()
06 {
07     ifstream infile;
08     ofstream outfile;
09     char name[20];
10     char c;
11     cout<<"请输入文件: "<<"\n";
12     cin>>name;
13     infile.open(name);
14     if(!infile)
15     {
16         cout<<"文件打开失败! ";
17         exit(1);
18     }
19     strcat(name,"副本");
20     cout<< "start copy" << endl;
21     outfile.open(name);
22     if(!outfile)
23     {
24         cout<<"无法复制";
25         exit(1);
26     }
27     while(infile.get(c))
28     {
29         outfile << c;
30     }
31     cout<<"start end"<< endl;
32     infile.close();
33     outfile.close();
34     return 0;
35 }
```

程序需要用户输入一个文件名，然后使用 infile 打开文件，接着在文件名后加上"副本"两个字，并用 outfile 创建该文件，最后通过一个循环将原文件中的内容复制到目标文件内，完成文件的复制。

15.4 文件指针移动操作

视频讲解：资源包\Video\15\15.4文件指针移动操作.mp4

在读 / 写文件的过程中，有时用户可能不需要对整个文件进行读 / 写，只需要对指定位置的一段数据进行读 / 写操作，这时就需要通过移动文件指针来完成。

15.4.1 文件错误与状态

在 I/O 流的操作过程中可能会出现各种错误，每个流都有一个状态标志字，以指示是否发生了错误，以及出现了哪种类型的错误。这种处理技术与格式控制标志字的功能是相同的。ios 类定义了以下枚举类型：

```
enum io_state
{
    goodbit=0x00,        // 不设置任何位，一切正常
    eofbit=0x01,         // 输入流已经结束，无字符可读入
    failbit=0x02,        // 上次读/写操作失败，但流仍可使用
    badbit=0x04,         // 试图进行无效的读/写操作，流不再可用
    bardfail=0x80        // 不可恢复的严重错误
};
```

对应于各状态标志字，ios 类还提供了以下成员函数来检测或设置流的状态。

```
int rdstate();
int eof();
int fail();
int bad();
int good();
int clear(int flag=0);
```

为了提高程序的可靠性，应该在程序中检测 I/O 流的操作是否正常。例如，使用 fstream 的默认打开方式打开文件时，如果文件不存在，那么使用 fail 函数就能检测到有错误发生，然后通过 rdstate 函数获得文件状态。

```
fstream file("test.txt");
if(file.fail())
{
    cout << file.rdstate << endl;
}
```

15.4.2 文件的追加

在写入文件时，有时用户不会一次性写入全部数据，而是在写入一部分数据后，再根据条件向文件中追加写入。例如：

```
01  #include <iostream>
02  #include <fstream>
03  using namespace std;
04  int main()
05  {
06      ofstream ofile("test.txt", ios::app);
07      if(!ofile.fail())
08      {
09          cout << "start write " << endl;
10          ofile << "Mary ";
11          ofile << "girl ";
12          ofile << "20";
13      }
14      else
15          cout << "can not open";
16      return 0;
17  }
```

程序将"Mary girl 20"字符串追加到文本文件 test.txt 中，文本文件 test.txt 中的内容没有被覆盖。如果 test.txt 文件不存在，则创建该文件并写入"Mary girl 20"字符串。

追加可以使用其他方法来实现。例如，先打开文件，再通过 seekp 函数将文件指针移动到末尾，然后向文件中写入数据。整个过程和使用参数取值一样。使用 seekp 函数实现追加的代码如下：

```
01  fstream iofile("test.dat",ios::in| ios::out| ios::binary);
02  if(iofile)
03  {
04      iofile.seekp(0,ios::end);          // 为了写入移动指针
05      iofile << endl;
06      iofile << "我是新加入的"
07      iofile.seekg(0);                   // 为了读取移动指针
08      int i=0;
09      char data[100];
10      while(!iofile.eof && i< sizeof(data))
11          iofile.get(data[i++]);
12      cout << data;
13  }
```

程序打开 test.dat 文件，查找文件的末尾，在末尾处加入字符串，然后将文件指针移动到文件开始处，输出文件的内容。

15.4.3 文件结尾的判断

在操作文件时，经常需要判断文件是否结束，使用 eof() 函数可以实现。另外，也可以通过其他方法来判断，例如使用流的 get() 函数。如果文件指针指向文件末尾,get() 函数将获取不到数据，返回 −1。这也可以作为判断文件是否结束的方法。例如：

```
01  fstream iofile("test.dat",ios::in| ios::out| ios::binary);
02  if(iofile)
03  {
```

```
04        iofile.seekp(0,ios::end);          // 为了写入移动指针
05        iofile << endl;
06        iofile << "我是新加入的"
07        iofile.seekg(0);                    // 为了读取移动指针
08        int i=0;
09        char data[100];
10        while(!iofile.eof && i< sizeof(data))
11            iofile.get(data[i++]);
12        cout << data;
13 }
```

输出 test.txt 文件的内容，使用 eof() 函数也可以实现。例如：

```
01 ifstream ifile("test.txt");
02 if(!ifile.fail())
03 {
04     while(!ifile.eof())
05     {
06         char ch;
07         ifile.get(ch);
08         if(!ifile.eof())        // 差一个空格
09             cout << ch;
10     }
11     ifile.close();
12 }
```

程序仍然是输出 test.txt 文件的内容，但使用 eof() 函数需要多判断一步。

15.4.4 在指定位置读 / 写文件

要实现在指定位置读 / 写文件的功能，首先要了解文件指针是如何移动的。下面将介绍用于设置文件指针位置的函数。

☑ seekg：位移字节数，相对位置用于输入文件中指针的移动。

☑ seekp：位移字节数，相对位置用于输出文件中指针的移动。

☑ tellg：用于查找输入文件中文件指针的位置。

☑ tellp：用于查找输出文件中文件指针的位置。

位移字节数是移动指针的位移量，相对位置是参照位置。其取值如下：

☑ ios::beg：文件头部。

☑ ios::end：文件尾部。

☑ ios::cur：文件指针的当前位置。

例如，seekg(0,ios::beg) 是指将文件指针移动到相对于文件头部 0 个位移量的位置，即指针在文件头部。

```
01 #include <iostream>
02 #include <fstream>
03 using namespace std;
04 int main()
05 {
06     ifstream ifile;
```

```
07      char cFileSelect[20];
08      cout << "input filename:";
09      cin >> cFileSelect;
10      ifile.open(cFileSelect);
11      if(!ifile)
12      {
13          cout << cFileSelect << "can not open" << endl;
14          return 0;
15      }
16      ifile.seekg(0,ios::end);
17      int maxpos=ifile.tellg();
18      int pos;
19      cout << "Position:";
20      cin >> pos;
21      if(pos > maxpos)
22      {
23          cout << "is over file lenght" << endl;
24      }
25      else
26      {
27          char ch;
28          ifile.seekg(pos);
29          ifile.get(ch);
30          cout << ch <<endl;
31      }
32      ifile.close();
33      return 1;
34 }
```

如果用户输入的文件名是 test.txt，test.txt 文件中含有字符串"www.mingrisoft......"，则程序运行结果如图 15.7 所示。

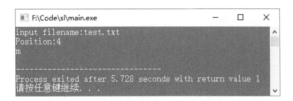

图 15.7　输出文件指定位置的内容

15.5 文件和流的关联与分离

📹 视频讲解：资源包\Video\15\15.5文件和流的关联与分离.mp4

　　一个流对象可以在不同的时间表示不同的文件。在构建一个流对象时，不用将流与文件绑定，而是使用流对象的 open 成员函数动态与文件关联。如果要关联其他文件，则调用 close 成员函数关闭流与当前文件的连接，再通过 open 成员函数建立与其他文件的连接。下面来实现文件和流的关联与分离功能。

```
01 #include <iostream>
02 #include <fstream>
03 using namespace std;
04 int main()
05 {
06     const char* filename="test.txt";
07     fstream iofile;
08     iofile.open(filename,ios::in);
09     if(iofile.fail())
10     {
11         iofile.clear();
12         iofile.open(filename, ios::in| ios::out| ios::trunc);
13     }
14     else
15     {
16         iofile.close();
17         iofile.open(filename, ios::in| ios::out| ios::ate);
18     }
19     if(!iofile.fail())
20     {
21         iofile << "我是新加入的";
22         iofile.seekg(0);
23         while(!iofile.eof())
24         {
25             char ch;
26             iofile.get(ch);
27             if(!iofile.eof())
28                 cout << ch;
29         }
30         cout << endl;
31     }
32     return 0;
33 }
```

程序打开文本文件 test.txt，文件内容如图 15.8 所示。

程序运行结果如图 15.9 所示。

图 15.8 文件内容   图 15.9 程序运行结果

程序需要用户输入文件名，然后使用 fstream 的 open() 函数打开文件。如果文件不存在，则通过在 open() 函数中指定 ios::in| ios::out| ios::trunc 参数来创建该文件。接下来，向文件中写入数据，再将文件指针指向开始处，最后输出文件内容。程序在第一次调用 open() 函数打开文件时，如果文件存在，则调用 close() 函数将文件流与文件分离。接下来，调用 open() 函数建立文件流与文件的关联。

15.6　删除文件

视频讲解：资源包\Video\15\15.6删除文件.mp4

　　前面介绍了文件的创建以及文件的读 / 写，本节通过一个具体的例子来讲解如何在程序中删除一个文件。代码如下：

```cpp
01 #include <iostream>
02 #include <iomanip>
03 using namespace std;
04 int main()
05 {
06     char file[50];
07     cout <<"Input file name: "<<"\n";
08     cin >>file;
09     if(!remove(file))
10     {
11         cout <<"The file:"<<file<<"已删除"<<"\n";
12     }
13     else
14     {
15         cout <<"The file:"<<file<<"删除失败"<<"\n";
16     }
17 }
```

　　程序通过 remove 函数将用户输入的文件删除。remove 函数是系统提供的，可以删除指定的磁盘文件。

15.7　小结

　　本章主要介绍了使用文件流进行文件操作。文件在打开时，可以控制文件是为写打开的还是为读打开的。通过控制打开方式，可以控制执行效率。掌握文件的随机读取操作，就可以快速读取想要的数据，以及实现文件数据的修改与插入。

第**16**章
坦克动荡游戏

（ ▶ 视频讲解：3 小时 13 分钟）

本章概览

  《坦克动荡》是一款简约而有趣的坦克对战游戏，游戏场景被设定在一个随机生成的小迷宫中，对战双方控制己方坦克攻击对方，直至一方坦克爆炸为止。本游戏中可以连续发射多颗子弹。需要注意的是，子弹打到墙上会反弹，并且反弹的子弹还能打爆自己的坦克，所以千万要选好角度再发射子弹，不然无异于自杀。此款游戏包含动态游戏菜单、人机对战、双人对战、自动寻路、寻找最短路径和子弹反弹等功能。

图 16.1 完整游戏之游戏菜单界面

  坦克动荡游戏可以分成三大部分。

（1）游戏菜单：完整游戏之游戏菜单，界面如图 16.1 所示。

（2）人机对战：完整游戏之人机对战，界面如图 16.2 所示。

（3）双人对战：完整游戏之双人对战，界面如图 16.3 所示。

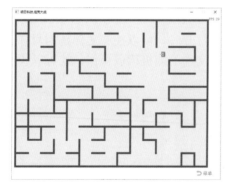

图 16.2 完整游戏之人机对战界面

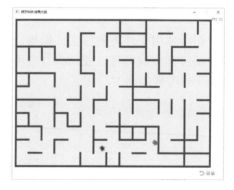

图 16.3 完整游戏之双人对战界面

扫码继续阅读本章后面的内容。